關於化學的100個故事

100 Stories of Chemistry

林珊◎著

化學 —— 與人類一起成長的學科

化學的歷史有多長？

我想，它應該比人類存在的時間更長，因為在人類起源前，火，這一最古老的化學作用就已經出現了。

火是燃燒現象，用化學名詞講，就是氧化還原反應。簡單地說，就是燃燒的物質奪得氧原子，而大氣中的氧氣失去氧原子的過程。

什麼是原子呢？

原子這個概念是英國化學家道爾頓提出的，這位腦袋裡充滿了鬼點子的科學家甚至都沒見過原子長什麼樣，就洋洋灑灑拋出一篇萬言論，說原子長得像個皮球，結果讓大家都相信了他的話，口才真是一流。

隨後，分子論也出來了，義大利化學家阿伏伽德羅發現，光用原子解釋物質的組成不夠科學，因為那些原子相同卻明顯不是同一結構的物質該怎麼區分呢？

於是他殫精竭慮，提出了分子論，又屢次上書學術界，可悲的是，一直到他去世，始終沒人理會他。

可憐的阿伏伽德羅，在他死後的第四年，化學界才承認了他的分子理論。

分子長什麼樣？

這個沒有統一的標準，總之就是由不同數目的原子團聚在一起的物質。

其實化學這門學科，要往微觀上講，還能細分出很多課題，比如原子雖然是化學元素的最小物質，但它也能被分為原子核和電子，再往細分，又到質子和中子了，總之是子子孫孫無窮盡也。

這裡又講到元素了，元素是什麼東西呢？

它是由英國化學家波以耳提出的概念，被當成組成一切物質的最基本要素。

當然，波以耳並不是第一個提出元素的人，事實上，在古希臘，哲人們就提出了「四元素論」。

古人不懂科學常識，頭腦裡總會冒出很多奇怪的想法，比如他們會認為天是圓的、地是方的，同樣，他們也會認為天地萬物是由水、氣、火、土四種元素組成的，這就是西方的四元素論。

在古代中國，也有類似的學說，不過不是四元素，而是「五行」——金、木、水、火、土。

此外，古人對煉金術也特別熱衷，而中國的古人還另添了一項需求——長生不老，所以他們除了煉金，還要煉丹。

就這樣，古樸的元素說加上煉金術和煉丹術，構成了古代化學的基礎理論。

直到十五世紀末，一位名叫阿格里柯拉的德國化學家站了出來，化學的知識體系才發生了變化。

阿格里柯拉喜歡研究礦物，他出版了一本書——《論礦冶》，告訴大家：隨便用幾塊金屬是煉不出黃金的！

這無異於將古人點石成金的美夢擊得粉碎，那個時候，煉金術士們還滿心幻想著讓廉價的銅變成黃金，好發大財呢！

到了十八世紀，法國化學家拉瓦錫發現了氧氣，這就使得「四元素論」中的「火氣」說無法立足了。因此，拉瓦錫建立了近代化學的最初理論，被稱為近代化學之父。

煉金術和四元素論的破產，宣告了古典化學邁向近代化學的新階段。

此後，人們不斷發現新的元素和化學作用，使得化學體系越來越豐富，最終成為如今我們所見到的化學的模樣。

學無止境，化學這門學科需要改進的地方還有很多，比如化學元素週期表上仍有很多元素沒有被發現，而這一切，都依賴於人們的共同努力，唯有如此，化學才能為人類的生活帶來更多的福利和貢獻。

自 序

化學是藝術

幾年前，我看了一部名叫《絕命毒師》的美國電視劇，在第一集中，我就笑了，男二號居然把化學稱為「藝術」。

後來，這部劇在艾美獎上大獲好評，還兩度摘得最佳劇情獎的桂冠，不得不說，這就是電視劇的魅力，它藝術性地擴大了日常生活，令平淡無奇的事物呈現出勾魂攝魄的效果。

但是，若說化學是一門藝術，又何嘗不是呢？

化學與生命的起源、發展密不可分，甚至連宇宙的組成也與化學有不可分割的關係。地球上一個個姿態迥異、性格鮮明的生命的呈現，本就是藝術啊！

我是喜歡文學的理科生，對化學當然是興趣盎然。

猶記當年的一次化學考試，那道附加題超難，連班上成績最好的同學都沒有回答出來，我卻將答案寫了出來，結果老師在課堂上點名表揚我，那一刻，我的得意之情簡直無法用言語來形容。

現在想來，可能正是因為化學的「藝術性」，才能如此吸引我這樣一個感性的人吧！

說句自豪的話，學生時代，我在寫化學方程式時幾乎未出過錯，兩種物質在進行化合作用時，應該生成什麼物質，我總是了然於心。其實除了自豪，我當時還充滿著好奇，覺得簡單的一個實驗，居然能生成這麼多不同的物質，真是神奇！

這就是化學的藝術性，它讓已有的物質消失，讓全新的物質被生成，就如同變魔術一樣，讓人樂在其中。

我的化學老師也是一個有趣的人，她特別喜歡在課堂上做一些小實驗，而且還不懼怕危險性。

比如有一次，她提取純淨的氫氣，將其導入細長的試管中，然後拿來一個小塑膠瓶，故作神祕地對我們說：「我要變魔術了！」

如果她再晚幾年做這個實驗，大概會說：「見證奇蹟的時刻到了！」

她將試管塞入塑膠瓶口，然後擦亮一根火柴，迅速湊到試管口。

接下來，我們就聽到一聲響亮的爆炸聲，瓶子被氣流炸出去很遠，大家則一致發出驚呼聲。

從那堂課起，我才發現，原來非常藝術的化學也是很危險的。

進入大學，我選擇了化學系，有時候會聽到曾經的同窗抱怨化學難學，我的內心總是蕩漾起笑意。

也許只有對像我們這類充滿好奇的人來說，化學才是世上最美麗的學科吧！

目錄

第三章　神祕莫測的化學作用

第四章 曾經滄海的名家軼事

第一章

化學的起源與發展

1 燧人氏取火

世界最古老的化學傳說

人類歷史上第一個化學事件是什麼？

這還得追溯到上古時期，當時一切都處於自然狀態，人們茹毛飲血，未利用絲毫人工產物。

忽然有一天，狂風大作，高空厚厚的雲層中轟隆作響，電閃雷鳴。

緊接著，一道耀眼的閃電從雲層中猙獰地降下，猛地劈到地上一棵孤零零的枯樹上，炙熱的火苗激烈地碰撞出來，瞬間將樹幹點燃，讓樹幹變成茫茫荒野中的一根明亮的火炬。

附近洞穴中的原始人很快被這根「火炬」吸引，他們小心翼翼地接近那團燃燒的東西，卻被「劈啪」的木頭燃燒聲和火焰的高溫嚇了一跳，有人伸手去觸摸火苗，結果被燙得哇哇直叫。

後來，不知是誰正好身上帶了肉，而巧合的是，那塊肉在人們靠近火的時候滾到了火邊。

火苗貪婪地吮吸著生肉上的油脂，頓時，一股奇異的香味在沾著青草氣息的空氣中瀰漫開來，讓火焰周邊的原始人垂涎欲滴。

就這樣，人們發現了火的用途，可以讓生冷的食物變得可口衛生，減少了疾病發生的機率。同時，人們還欣喜地發現，火能驅趕野獸。

可是，火實在太難得了！

最開始，人們只能在雷電天氣才能有幸得到火，可是誰也不能保證每次樹木都會遭雷劈，儘管這種機率比某個人遭雷劈要大很多。

原始人只好採用日夜看守的方法保存火種，他們實行輪班制，一旦發現火焰有熄滅的跡象，就趕緊添加木柴，讓火繼續燃燒下去。

可惜，就算大費周章，「熄火」事件也仍會不時地發生。

人們大為頭痛，其中就包括一個名叫允婼的男人，此人體格健壯、容貌英俊，否則也不會生出女媧這樣的美女。

允婼是何許人也？

主角檔案

姓名：允婼

性別：男。

別名：燧皇。

血型：根據性格分析，很可能是O型。

星座：未知。

居住地：燧明國（今河南商丘）。

妻子：華胥氏，據說華胥氏踩雷神腳印而孕，生伏羲……

兒子：伏羲。

女兒：女媧。

最喜歡的食物：烤肉。

最喜歡的運動：鑽木頭。

最討厭的話：削尖了腦袋往門裡擠。

地位：天、地、人三皇之首。

貢獻：鑽木取火第一人，開闢華夏文明，使商丘成為華夏文明的發源地。

伏羲是中華民族人文始祖，也是中國古籍中記載的最早的王。

允婼決心要為人類找到生火的途徑，於是他踏上一條坎坷之路。

皇天不負苦心人，有一天，他來到一個神奇的地方，這個地方之所以神奇，是因為那裡長有一棵參天大樹，樹冠如此之大，以致於陽光完全被擋住了，樹下一片黑暗。

好在茂密的樹冠下不時地閃耀著一些迷人的火光，儘管火光只燃燒了一會兒就消失了，但如果允婼用一根木棍接住那些微弱的火苗，他便能驚喜地看到旺盛的火焰在木棍的頂端燃燒起來。

這棵樹為什麼會被如此之多的火光包圍呢？

允婼陷入了沉思。

「篤篤篤……」這時，一陣有規律的敲擊聲傳入允婼的耳中，他連忙抬頭望去，發現樹幹上站著一隻捕蟲的大鳥，這種大鳥生有橘紅色的喙，可以啄開樹幹找到蟲子。

奇妙的事情發生了！

隨著大鳥的每一次敲擊，樹幹都會迸發出一絲火星，而這正是允婼千方百計想尋找的火苗。

允婼靈機一動，找來一根尖樹枝，然後在樹幹上鑽起來。他鑽了很長時間，終於一顆小小的火星迸發出來，掉落在草地上，人工取火就這樣誕生了！

取火之所以是化學史上的重要事件，是因為它說明了一個重要的化學反應——燃燒。

燃燒的本質是氧化還原反應，是火中的物質迅速氧化，從而產生大量光和熱的過程。

被氧化的食物往往是一種全新的物質，比如稻米中的蛋白質會在蒸煮過程中性質發生變化，而這種變性幾乎是不可逆轉的。而肉類在加熱過程中，肌肉中的蛋白也會發生變性，使得肌肉更緊密，所以我們才會發現熟肉會比生肉更密實。另外，肌肉中的亞鐵離子因為氧化成了三價鐵離子，所以肉在熟了之後就變成了褐色。

值得注意的是，判斷物質是否發生化學變化，要看是否有新物質生成，有新物質生成則屬於化學變化，沒有則是物理變化；化學變化常伴隨著發光、放熱等現象，但是有發光、放熱的變化卻未必一定是化學變化。

【化學百科講座】

離子——整容後的原子

定義：原子由於自身或外界作用而得到或失去一個或數個電子的穩定結構，可謂是整容後的原子。

地位：與分子、原子一樣，是構成物質的基本粒子。

化學反應：金屬元素原子的最外層電子喪失，非金屬元素的最外層則得到這些電子，但無論得到或是失去，這些原子都已帶上電荷，成為離子。失去電子的原子帶正電荷，叫陽離子；得到電子的原子帶負電荷，叫陰離子。陰陽離子結合，形成不帶電性的化合物。

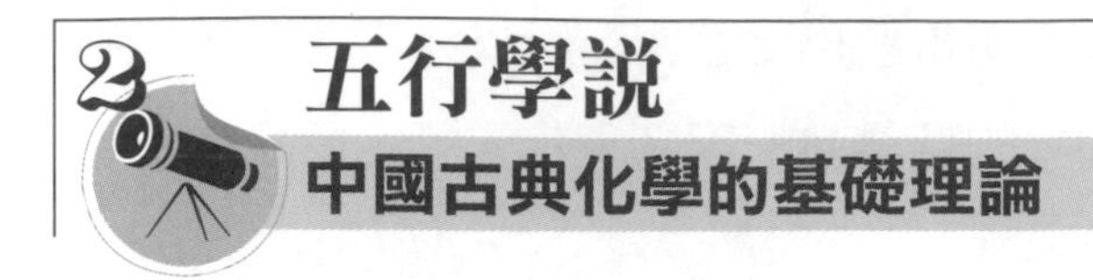

2 五行學說

中國古典化學的基礎理論

西元前五一〇年，魯國大臣季平子篡位，將魯昭公趕出魯國，可憐昭公一不會自理，二沒有食物，很快在流亡過程中一命嗚呼了。

消息傳開後，晉國的大臣趙簡子特別氣憤，叫嚷著說：「豈有此理！一個臣子，怎麼可以如此對待自己的君王！」

「非也！非也！」坐在一旁的蔡墨輕飄飄地拋出一句：「你又不能保證每個人都一樣。」

趙簡子無故被反駁了一通，暗自生氣，趕緊換個方式來表達自己的主張：「魯國的百姓見國君離世，居然一點反應也沒有，相反逆臣上位，平民卻熱烈歡迎，真是一幫愚民！」

「非也！非也！」蔡墨又搖頭否認，讓趙簡子心火直冒。

眼看著自己的尖銳觀點就像一拳砸在棉花上，使不出力，趙簡子再也壓抑不住自己，他氣得吹鬍子瞪眼，怪叫道：「你為什麼總跟我作對！」

豈料蔡墨又是一通搖頭晃腦，批判道：「非也！非也！我不過是想告訴你，任何局面的存在都有其原因。」

「什麼原因！」趙簡子暴跳如雷，聲音大得可以嚇死一頭牛。

蔡墨依舊不緊不慢地說：「季氏勤奮愛民，為百姓謀了不少福利，當然會受到百姓的擁戴；相反，魯昭公貪圖享樂，不管百姓死活，百姓們自然不希望魯昭公重掌王權。」

一心沉浸在世襲制中的趙簡子沒想到蔡墨會拋出這番理論，一時半會兒竟無法辯駁，只得結結巴巴地說：「你說的似乎是這樣……」

其實，蔡墨說的道理便是簡單的唯物辯證法，他在早年學習《易經》

的時候就已參透事物具有兩面性的道理，並將其概括為八卦中的「陰陽」理論。

一陰一陽，便是萬物的平衡之道。

蔡墨認為，萬物由金、木、水、火、土組成，可是這五樣東西該用什麼詞語概括呢？

他冥思苦想，忽見微風拂過，樹木上的葉子飄動起來，火焰也隨之變成跳躍的精靈，而水流也流淌得更加歡愉了，便靈機一動，將金、木、水、火、土取名為「五行」，即五種物質的運動。

同時，五行必須相生相剋，方能達到陰陽平衡，於是他又總結出如下法則：

◎五行相剋論：

金生水：水從岩石（金屬）中流出。

水生木：水孕育了樹木。

木生火：木頭是火的助燃材料。

火生土：物體被燒後成為灰燼，化為泥土。

土生金：金屬藏在土壤中。

◎五行相克論：

金剋木：金屬製斧頭可砍樹。

木剋土：樹木吸收土壤中的養分。

土剋水：土能抗洪。

水剋火：水能熄滅火焰。

火剋金：火能熔化金屬。

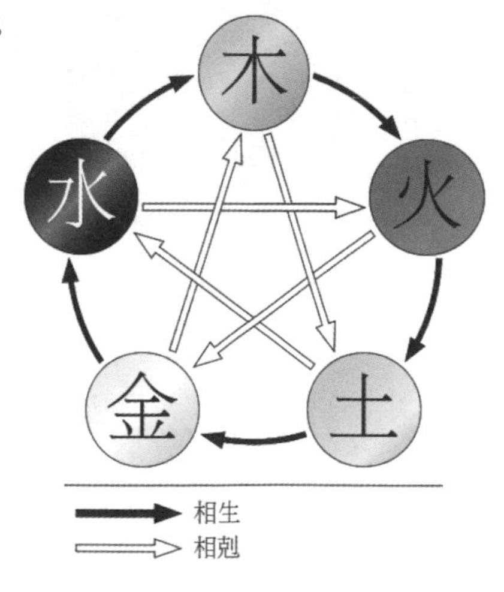

五行圖

《五帝》曰：「天有五行，水火金木土，分時化育，以成萬物。其神謂之五帝。」

《春秋左傳・昭公二十五年》又曰：「則天之明，因地之性，生其六氣，用其五行，氣為五味，發為五色，章為五聲。」

這就是中國古人的五行論。

中國的祖先們認為，金、木、水、火、土這五種元素是構成萬物的基礎，簡易概括，就是「五行」，這應該是世界上最早的化學理論了。

但是，五行並非指代具體的事物，比如人們經常認為的金指金屬、木指木頭……它指的是五種屬性，而屬性則可具象為各種物體，如五種狀態、五種行為、五種氣體、五種色彩……

【化學百科講座】

五帝——鎮守五行的神明

五帝是中國上古時期的五位皇帝，分別代表五行中不同的屬性，且代表不同的顏色：

青帝太皞——木屬性。

赤帝神農氏——火屬性。

黃帝軒轅氏——土屬性。

白帝少皞——金屬性。

黑帝顓頊——水屬性。

3 總統發跡的第一桶金

煉金術發展史

很多人都有過艱苦的出差歲月，遠離家人、沒有朋友，這種日子可真不好受。

然而有一個人，他不僅戰勝了孤獨，還在出差的時候挖掘到了第一桶金，為日後的成功奠定了基礎，可謂天才。

這個人就是美國第三十一任總統胡佛。

二十四歲那年，剛大學畢業的胡佛被派往中國煤礦打工，當時有很多老外來中國撈金，而且似乎都混得不錯，胡佛覺得自己或許也能鹹魚翻身、一夜暴富。

事實證明，擁有商業頭腦和高新技術的他果然沒有失望。

來中國一段時間後，胡佛發現金礦的開採水準實在太低了，人們透過簡單的篩金法濾得黃金後，就將礦石當廢品扔掉，絲毫沒有想過那些礦石中是否還有黃金。

看到這些，胡佛暗自高興，覺得發跡致富的機會來了！

憑藉自身紮實的礦業知識，胡佛用化學試劑開始廢物回收的試驗。

他先配置氰化鈉的稀溶液，然後將礦砂與溶液發生反應。

實驗結果驗證了他的猜測，那些金元素真的開始溶解了！

接著，胡佛又在溶液中放入鋅粒，採用置換反應提取金，經過反覆試驗，一個個純淨的黃金顆粒終於被他提取了出來。

嚐到甜頭的胡佛想大幹一場，他知道單憑自己一個人是提取不了大量黃金的，於是就雇了人，開始大規模地提煉黃金。

胡佛用化學法提取的黃金成色很好，加上數量又大，沒過多久，他就成了百萬富翁。

後來，胡佛開設了跨國公司，接著又競選總統，所砸出的錢財都來自於他早年煉金的財富所得。所以，人們就打趣道：胡佛的總統寶座是用黃金砌起來的！

胡佛發跡的手法在化學上有一個專業術語：煉金術。在近代以前，煉金術一直是人們孜孜以求的求富方法，人們為此做了無數實驗，並闡述了大量理論，可惜無一例外以失敗告終。

煉金術起源於埃及的潘諾波利斯，並由一個叫佐西默斯的煉金術士發揚光大。

後來，阿拉伯人從埃及人那裡繼承了煉金理論，也開始狂熱地發起提煉黃金的運動。

煉金術的萌芽時期是西元一至五世紀，當時西方的煉金術士認為只要手上有一塊金屬，不管它材質如何，經過煉金，都能變成金光閃耀的黃金，這想法讓人想起一個成語——點石成金。

就在這一時期，中國的術士們也踴躍加入到煉金的行業中，不過他們同時追求長生不老，所以他們的名號為「煉丹師」。

是到了十二世紀，「煉金術」這個專業名詞才被人們第一次口頭相傳，當時很多歐洲王室都狂熱地崇拜這一運動，而布拉格還被稱為「煉金術的中心」，神聖羅馬帝國的皇帝更賜封煉金術士為伯爵。

不過煉金術的一再失敗，終於讓人們開始清醒，十七世紀以後，這項運動遭到科學家的批判。到十九世紀，終於有科學證據證明古法煉金術的不切實際，至此，煉金術被徹底否定。

煉金術士

【化學百科講座】

煉金術之最

最早的煉金術士：希臘僧侶佐西默斯。

最權威的煉金術士：希臘神祇赫爾墨斯。

最早寫出煉金著作的人：希臘哲學家德謨克利特。

最早煉金的皇帝：中國的秦始皇。

最受寵的煉金術士：英國占星師約翰·迪伊，他也是「００７」的原型。

最常用作煉金的金屬：銅和鉛。

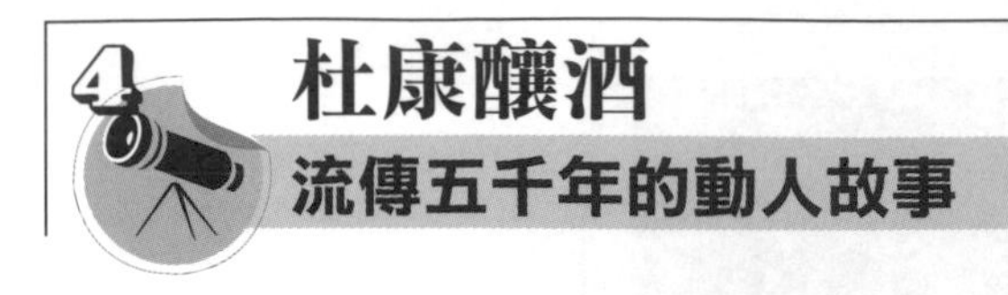

4 杜康釀酒

流傳五千年的動人故事

主角檔案

姓名：杜康，字仲寧，傳說他又叫姒少康。

朝代：周朝。

出生地：陝西白水縣康家衛。

父親：夏朝第五任國王姒相。

兒子：夏朝第七任國王姒季杼。

成就：中國製酒鼻祖，第一個用穀物釀酒的專家。

名號：酒祖、酒聖、酒仙。

重大事件年表：

西元前二〇〇二年：梟雄寒浞之子寒澆攻入夏朝，杜康之父相自殺，相已懷孕的妃子後緡鑽入狗洞，撿回一命。

西元前二〇〇一年：後緡生下遺腹子少康，即杜康。

從以上的簡介中，可看出杜康在出生之日起便背負著國仇家恨，可是國家的存亡又跟他釀酒有什麼關係呢？

當然有很大關係！

在打敗夏朝後，寒浞開始了對華夏四十年的統治，而杜康率領夏朝的殘餘勢力東躲西藏，伺機奪回王位。

要積聚勢力，必須儲存糧食。杜康最初的想法是把豐收的糧食都存放在山洞裡，誰知山洞潮濕，時間一長，百姓和軍隊需要的糧草全都發霉了，杜康很自責，焦慮得整天都睡不著覺。

有一天，他到遠處的山谷裡去散心，無意間在長滿桑樹的溪澗中發現了一塊空曠之地，而巧合的是，空地的中央居然還有幾棵枯死的大桑樹。

杜康用手指輕輕敲擊死樹的樹皮，樹幹立刻發出空洞的聲音，杜康很驚喜，他忽然想到了一個存儲糧食的好辦法。

於是，他喊來族人，一起將枯樹的樹幹掏空，然後將糧食存放進樹洞裡，以為如此一來，再也不會發生發霉的事情了。

誰知此後一連幾年都風調雨順，糧食簡直多得沒地方放，大家看樹洞塞不下了，就自備了糧倉存放糧食，漸漸地，大家都快忘了樹洞存糧的那回事了。

不過杜康沒有忘記，幾年後他去山上查看糧食，驚訝地發現存糧的桑樹旁居然躺著好幾隻野生的山羊和兔子。

一開始，他以為是那些動物撞樹而死，便又是吃驚又暗自慶幸，覺得這下族人可以打打牙祭了。

沒想到，當他走近一隻兔子身邊，卻發現兔子居然還活著，這時兔子恢復了清醒，見有人接近，立刻害怕起來，猛地蹦起，然後一溜煙地逃走了。

這時，其他動物也都搖搖晃晃地站起身，向遠處逃去。

杜康大惑不解，便偷偷藏在一棵樹後。

沒過多久，兩隻山羊過來了，牠們的鼻翼敏感地翕動著，似乎聞到了什麼味道。

緊接著，山羊來到一棵桑樹的樹洞旁，開始舔起了樹皮。不一會兒，兩隻羊就歪歪斜斜地站不穩了，很快倒地不起。

杜康知道這謎底一定在樹洞裡，便上前細看，只見樹洞中一股清冽又芬芳的液體正向外流淌，很明顯，就是這股液體讓山羊昏睡的。

杜康非常好奇，也舔了舔那液體，頓時，他覺得口中充滿馨香，還有股辛辣的滋味，接下來他的腦袋開始沉重起來，竟也一頭栽倒在地睡著了。

在昏睡了一個多時辰後，杜康終於醒了，他立刻欣喜不已，因為他知道這種液體是沒有毒的，只會令人昏睡。

他立刻用陶罐將液體盛了一些回去，結果大家品嚐過之後都說好喝。

杜康欣喜萬分，將這種液體命名為「酒」，從此中國人的飲酒史真正開始了。

其實在杜康之前，古人們也能釀造出有酒味的飲料，不過他們的做法和如今人們做的「米酒」類似，就是用發酵的水果或米飯釀造的湯液，並不能被稱為真正意義上的穀物釀酒。

杜康釀酒，其化學作用是運用了發酵的原理，即穀物在酵母等微生物的作用下分解成為簡單的有機物或無機物，然後有液體析出，這就是我們所謂的酒。

為了紀念杜康，人們寫了不少詩句歌頌他，如曹操的《短歌行》就說：「何以解憂，唯有杜康！」晚唐皮日休又云：「滴滴連有聲，空凝杜康語。」足見人們對杜康的尊敬和崇拜。

【化學百科講座】

酒為什麼易使人沉睡？

因為酒中含有酒精，化學名稱叫「乙醇」，乙醇是一種透明易揮發易燃的液體，可以溶於水，能抑制人的神經，使人產生昏睡感。

5 水與火的恩賜

製陶業的興起

世界各地最早的陶器出土地點：

◎中國：湖南道縣玉蟾岩——距今兩萬一千年。

◎日本：長野縣下茂內和鹿兒島縣簡仙山——距今一萬五年。

◎印度：恆河中游——距今一萬一千年。

◎西亞：基羅基蒂亞遺址——距今九千年。

◎美洲：美國亞利桑那州——距今五千年。

根據以上資料，我們不難發現，陶器始於東方，或者更準確一點說，可考的最早陶器的發掘地點在東亞。

那麼，古人是如何發現製陶材料，又是如何親手做出一個個簡易的陶器的呢？

我們不妨假設一個古人叫小野，他的故事從一個下著滂沱大雨的下午開始說起：

現代陶器

那一天，小野家裡沒有食物了，結果，可憐的小野被老婆在雨天趕出去打獵。

小野一邊不滿地抱怨，一邊在泥地裡蹣跚前進。可是雨實在太大了，他不想冒險去找野獸，就找了個山洞，躺在裡面睡了一覺。

沒想到這一睡壞事了，他一直睡到天黑才醒過來。

遠古人類懼怕黑夜，因為易受到野獸侵襲，小野敲打著腦袋，心想這下糟了，沒有捕到獵物，回去肯定要跪石板了！

他站起身，正想回家，忽然感覺腳上像套了個什麼東西，硬邦邦的，導致行動不便。

小野連忙藉著微弱的月光往腳下查看，這才發現下午腳上踩到的爛泥變硬了，現在正牢牢地套在自己的腳上呢！

小野從小就很機靈，他當即哇哇怪笑了一通，然後找了根樹根，開始挖洞口的泥土。

隨後，他拿著很多泥土回到了家中。

當家門打開後，老婆見小野半個獵物也沒有打回來，非常氣憤，不僅大罵不止，還要打他。

小野連忙制止老婆，溫柔地勸了半天，大意是：「我帶回來一些寶貝，我們家不是缺少放食物的東西嗎？我現在想到辦法了！」

老婆半信半疑，狠狠瞪了丈夫一眼：「食物都沒有，有盛食物的東西有什麼用？」但她好歹放了小野一馬。

第二天一早，小野動手做試驗，他先將自己挖來的土和上水，使之成為爛泥，然後將爛泥捏成罐狀，放到陽光下炙烤。當瓦罐變硬之後，就可以盛放物品了！

奇妙的是，這種泥罐不會碎，能放置很長時間。

後來，其他的原始人也得知了這項技能，就紛紛效仿，也去挖泥做罐，有些人心靈手巧，還在泥罐上刻出美麗的圖案，讓大家愛不釋手。

有一天，小野出去打獵，老婆和兒子在家中生火做飯。

小野老婆忙不過來，就讓兒子把泥罐裡的肉放到火上烤一烤。

誰知兒子很粗心，居然將泥罐直接放到火上了。

頓時，泥罐冒起黑煙，罐身和火接觸的部分也變黑了。

兒子嚇得臉色蒼白，他知道泥罐是母親的寶貝，不能輕易弄壞，就趕緊抱著泥罐去河邊，想清洗掉上面的黑斑。

不料，原本有點軟的泥罐居然變硬了，而且還不怕沾水了。

兒子洗了半天，始終沒洗掉髒的部分，只好悻悻地回家等著挨罵。

小野和他老婆得知此事後，並沒有生氣，他們猜測泥罐要經過火燒才能變堅固，於是就如法炮製，讓泥罐在火上烤了很久。

最後，他們欣喜地發現，泥罐真的又結實又耐用，還能盛水，便激動地告訴了大家，於是，陶器就這樣被發明了！

其實小野是幸運的，因為他腳踩的爛泥可不是普通的泥土，而是黏土。

顧名思義，黏土有黏性，且含沙粒較少，所以水分不容易通過，就能塑造成各種形狀。製作陶器的黏土，一般成分為氧化矽與氧化鋁，顏色偏白，而且耐火。

可能很多人不知道，製陶其實是一項化學反應，是將陶瓷坯體中的物質不斷地進行遷移，組成更加緻密的晶體，同時在燒製過程中，氣孔產生了收縮，使得陶瓷更加堅固。

【化學百科講座】

中國最著名的瓷器

◎定瓷：始於晚唐和五代，以燒造白釉瓷器為主，器物主要為盤、碗，其次是梅瓶、枕頭、盒子等。

◎鈞瓷：始於北宋，含鐵、銅，呈現出以青、藍、白為主，兼帶紅、紫的顏色，其釉面易出現不規則流動狀細線，俗稱「蚯蚓走泥紋」。

◎汝瓷：始於北宋，主要有天青、天藍、淡粉、粉青、月白色，釉泡大而稀疏，有「寥若晨星」之稱。釉面有細小的紋片，被人們稱為「蟹爪紋」。

◎官瓷：始於北宋，因含鐵量極高，所以胎骨顏色會泛黑紫。釉層普遍肥厚，且很少裝飾，以天青、粉青、米黃、油灰色為主。

◎哥瓷：始於宋朝，為御用瓷器，胎色有黑、深灰、淺灰及土黃多種，釉均為失透的乳濁釉，釉色以灰青為主，造型多以爐、瓶、碗、盤為主。

令皇帝欣喜的錯誤

肥皂的誕生

在肥皂發明以前，古人的清洗用具：

◎最吃力的工具——木棒：常見影視劇中浣衣女在河邊用該物捶打衣物，不僅費勁而且去汙力不強。

◎最高效的工具——天然鹼礦石：可溶於水中，溶液可洗衣，去汙力極強。

◎最省錢的工具——草木灰：灶膛裡的灰燼泡在水中，讓草木灰中的碳酸鉀盡情溶解，其溶液也能去汙，去汙力尚可。

◎最天然的工具——皂莢：皂莢樹的果實，泡在水裡可用來洗滌，可以使衣物不褪色不縮水，不會失去光澤。

◎最像肥皂的工具——肥珠子：一種植物的種子，被搗爛後加上香料和白麵搓成丸，可當肥皂用。

◎最殘酷的工具——浮石：古羅馬富人獨享的發明，每當他們想洗澡，就得花一天時間泡澡，用浮石擦遍全身，往往疼痛難忍。

到了現代社會，誰若不知道肥皂，那他必定像個原始人，可是，有誰知道肥皂是怎麼產生的嗎？

肥皂誕生於埃及，與埃及著名的法老胡夫有著密切關係。

據說，有一次胡夫大擺筵席，要招待從遠方到來的尊貴客人。由於貴客人數眾多，廚房裡忙得不可開交。

胡夫的象牙雕像

廚師總管心知此次宴會事關重大，因為難免提心吊膽。碰巧他是個喜歡轉移壓力的人，就不停地在廚房裡聲色俱厲地訓斥眾人：「你們給我聽好了！不能出半點差錯！否則我就要狠狠地懲罰你們！」

結果在總管的怒吼之下，一個剛來不久的小廚師心慌意亂，一腳踩在放油的凳子上，將羊油灑得滿地都是。

小廚師嚇呆了，由於害怕受罰，他竟像根木頭一樣地站在原地，除了目瞪口呆之外就沒有了別的表情。

其他廚師一見忙中出錯，趕緊過來幫忙，大家捧出草木灰蓋在羊油上，好讓灰燼將油脂吸附乾淨。

總管正愁找不到機會發洩，此刻頓時借題發揮，把眾人大罵了一頓，末了得意洋洋地說：「你們等著，我這就去向法老彙報！」

小廚師嚇得哭起來，其他人則安慰他，發誓他們將一起向法老求情。

有些廚師將沾滿了羊油的草木灰扔到屋外，然後回來洗手。

忽然，有一個人驚叫起來：「奇怪！手怎麼越洗越乾淨？」

這時其他人也發現了這個現象，均覺得十分奇怪。

此時法老已派人過來問罪，一個最年長的廚師靈機一動，他拿了一塊炭餅，將上面沾滿羊油，然後低著頭走到法老面前。

正當法老準備斥責老廚師時，後者已經搶先舉著炭餅彙報道：「尊敬的法老，我們雖然浪費了油，卻也因此發現了一種新的清潔工具，就是我手上的東西！我敢保證用這塊東西，法老您的手會越洗越乾淨。」

胡夫有點訝異，便讓隨從端來一盆水做試驗，果然發現自己的手在搓過炭餅之後，再用水洗，真的變乾淨了。

他頓時轉怒為喜，誇獎老廚師做得好，還大大賞賜了那個撞翻羊油的小廚師，讓廚師總管氣得吹鬍子瞪眼。

老廚師手上的炭餅就是世界上的第一塊肥皂，而草木灰和羊脂的混合法也流行開來，成為製造肥皂的一個專用方法。

西元七〇年，古羅馬的學者普林尼製造出了塊狀肥皂，這便是現代肥皂的前身，後來英國人也紛紛效仿，在英國的布里斯吐勒城建立起當時世界最大的製皂工廠。

不過這種早期的肥皂並不能消除很頑固的汙漬，而且羊脂的成本太大，一般百姓買不起。

其實說到底，肥皂能去汙，是因為它的基本組成是鹼，所以能促進汙漬的分解。

法國化學家盧布蘭便想到了一種討巧的辦法：他用電解食鹽的方法製鹼，終於得到既低廉去汙力又強的肥皂，如此一來，肥皂才真正開始走進千家萬戶，成為大眾消費品之一。

【化學百科講座】

現代肥皂製作過程

1、將牛油或豬油、椰子油倒入鍋中，加燒鹼（氫氧化鈉或碳酸鈉）一起熬煮。

2、油脂和燒鹼發生化學作用，生成肥皂和甘油。

3、加入大量食鹽，讓甘油溶解在高濃度的鹽水中，從而提取出一層層黏糊糊的膏狀物，這就是肥皂。

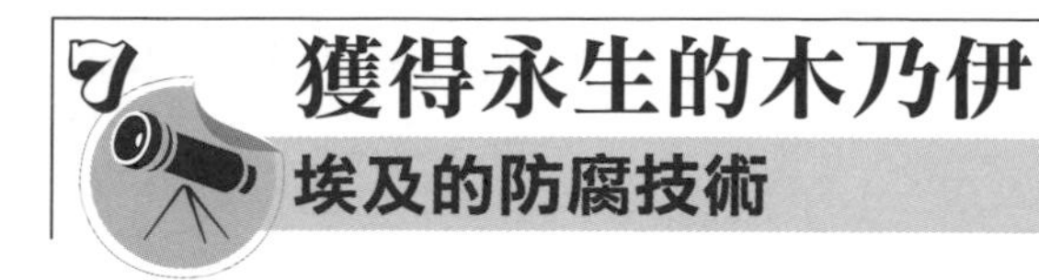

木乃伊之最：

◎最古老的木乃伊——冰人「奧茨」，距今五千年，在義大利北部阿爾卑斯山脈被發現。

◎最有名的木乃伊——埃及拉美西斯大帝，他的一縷頭髮在網上拍賣到了兩千六百美元的高價。

◎最年幼的木乃伊——智利與祕魯海岸線的新克羅漁民部落，他們的兒童和流產胎兒都會被做成木乃伊。

◎最美麗的木乃伊——義大利西西里島的兩歲女嬰羅莎莉，她逝世距今已有九十多年，但容貌完美如初，據說當時的醫生將福馬林、鋅、酒精、水楊酸和甘油等調成特殊的防腐藥物，保全了羅莎莉的容顏。

◎最引科學家關注的木乃伊——十五世紀祕魯冰凍少女胡安妮塔，她被用於祭祀山神，由於屍體保存完好，為科學家提供了很多有價值的資訊。

說到木乃伊，大家都會立刻想到埃及木乃伊，的確，埃及人的木乃伊製作技術是最出色的，其木乃伊數量也是最多的，但從以上的科普可以看出，其實木乃伊並非埃及人的專利。

不過，埃及有個關於木乃伊的神話傳說，而從這個故事中也可以窺出埃及人的世界觀和人生觀——

在希臘神話中，大地之神的兒子奧西里斯是埃及法老，他非常賢明，帶領百姓大力發展農業，還教會了人們釀酒、採礦、做麵包等技術，獲得了民眾的一致擁戴，被尊稱為尼羅河神。

然而，世上只有一個人對奧西里斯心懷嫉恨，那就是他的弟弟賽特。

奧西里斯

賽特想當法老，就千方百計要置哥哥於死地。

有一天，賽特打著慶功的名義邀請哥哥參加晚宴，席間賽特突然派人抬出一個美麗的大箱子，故意對賓客們說：「你們誰能躺進這個箱子裡，我就把它送給誰！」

奧西里斯見箱子上刻有豐富多彩的圖案，還鑲嵌著黃金和寶石，非常喜歡，就踴躍報名：「我來參加！」

說完，他就躺進了箱子裡。

說時遲那時快，賽特猛地把箱子關上，並扣上鎖，然後命人將箱子扔進了尼羅河。

奧西里斯一命嗚呼，他的妻子——雨神伊西斯傷心萬分，輾轉到各地去尋找箱子。

皇天不負苦心人，箱子終於被伊西斯找到，可是賽特又來使壞，他將哥哥的屍體分割成十四塊，往不同的地方扔去。

沒想到伊西斯是個特別有毅力的女人，她開始找丈夫的屍體，每找到一塊就哭哭啼啼地埋好，最後終於全都找到了。

後來，伊西斯生了個勇猛的兒子荷魯斯。

荷魯斯打敗了賽特，並將父親的屍體拼湊在一起，組成了「木乃伊」，此時，天神忽然降臨，幫助奧西里斯復活，奧西里斯便成了地獄之神，掌管著死後的世界。埃及人一直都認為人類死後會進入另一個世界，因此對木乃伊的傳說深信不疑，所以他們熱衷於製作乾屍，研究防腐技術。可惜的是，只有法老、達官顯貴和一些富商才能享受到「不死之身」的待遇。

木乃伊製作讓古埃及人受益匪淺：

首先，它促成了防腐技術的進步，埃及人製作的木乃伊形象完整，還能保持皮膚的彈性，代表了古埃及化學的先進水準。

其次，它催生了金字塔建築。埃及人認為，即使人死後復活，也只能在陰間生存，所以需要金字塔這樣的地下宮殿為其提供生存空間。

最後，它發展了解剖學。埃及人透過木乃伊才瞭解到血液循環和心臟的重要性，並能列出四十八種疾病，另外，早在兩千五百年前，他們就已懂得實行外科手術。

【化學百科講座】

木乃伊製作過程

1、將屍身用蘇打水進行清潔。

2、屍體面部塗抹大量松脂，以防面容過快乾結，同時去除內臟，但保留做為智慧象徵的心臟。

3、將屍體浸泡在溶解有大量泡鹼粉末的溶液中，四十天後屍體達到完全脫水的效果。

4、將屍身體表的水分吸乾，然後在腹腔內填充大量的香料，最後將腹部縫合。

5、在屍體上塗抹牛奶、蜂蠟、松脂、葡萄酒、香料、柏油等混合物，最後用白色亞麻布將其包裹起來，便大功告成。

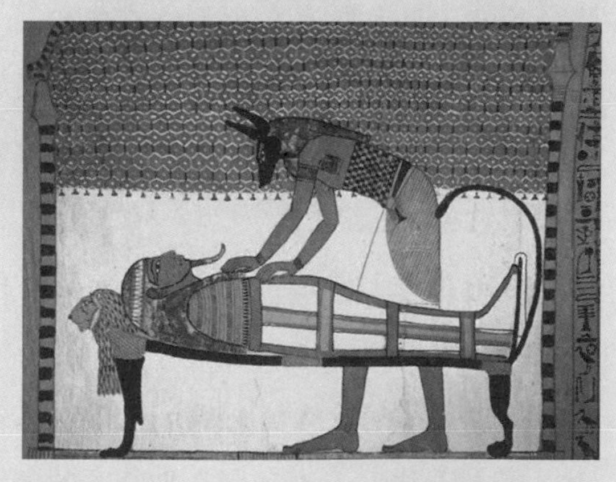

相傳木乃伊製造方式由喪葬之神阿努比斯所發明

8 千金難求的高貴紫色

古代染布史

世界染布編年表：

◎西元前六千多年，中國的古人將赤鐵礦粉末碾碎，給麻布染色。

◎西元前三千年：古埃及和美索不達米亞人已掌握了染布技術，金字塔牆壁上的紅色織染物可說明這點。

◎西元前兩千五百年，印度從茜草中提取茜紅、從藍草中提取靛藍，進行對棉織品的染色。

◎西元前一千多年，中國的西周出現了專門從事染布職業的「染人」。

◎西元前五百五十年希臘創立紡織和染色的作坊。

◎西元一三七一年，歐洲才開始有染布的文獻記載。

而埃及，則是世界上首批大規模生產染色布匹的地區。

當時，有一個大富翁懂得歷史知識，他從史書上得知，在希臘的克里特島上住著一個原始部落，部落裡的漁民知道怎樣提取紫色染料，而在當時的埃及，根本就沒有紫色的染布。

富翁自己也非常喜歡紫色，他渴望能穿一件紫色的衣服，來向世人展示自己的富有和高貴，於是他思量再三，決定前往希臘半島，去尋訪那神祕的紫色染料。

在地中海上漂泊了十幾天後，富翁終於來到位於地中海北部的克里特島。他雇了一個翻譯到處詢問是否有懂得染布的漁民，沒想到那個古老的部落早在幾百年前就消失了，這讓他沮喪到極點。

富翁不甘心，他就在克里特島的海邊徘徊，希望能找到令他滿意的線索。

可是幾個月過去了，還是一無所獲，眼見所帶的盤纏也快見了底，富翁壓力陡增，整晚整晚地睡不著。

又是一個無眠夜，富翁在曙光乍現的時刻聽到漁民們出海捕魚的聲音。

他想，反正也睡不著，就看看人們是怎麼捕撈的吧！

於是，他悶悶不樂地穿好衣服，在帶著鹹味的空氣中往沙灘上走去。

只見精壯的漁民拿上魚網和魚叉，開始坐上漁船；勤勞的婦女和孩子則提著籃子，在沙灘上撿拾蝦蟹和貝殼。

忽然，富翁看到一個年邁的老嫗竟然也在沙灘上撿貝殼，他很同情對方，就跑過去幫忙。

誰知老嫗不領情，總是把富翁遞過來的貝殼扔掉。

富翁逐漸感到氣憤，想一走了之，誰知這時老嫗卻拉住他，將手心中的一個海螺展示給他看。

富翁仔細一看，發現是一種極小的海螺，顏色似乎是白色，貌似極不起眼。

老嫗指著海螺，意思是要富翁幫她找這樣的類型，富翁點頭，盡量去找老人想要的海螺。當老嫗找了一些海螺後，她拉著富翁的衣角，好像要對方去她家做客。富翁盛情難卻，跟著老人來到了一個海邊的小房子裡。

老嫗給富翁端茶送水後，就開始了一天的工作。

她將撿來的海螺放入一個石臼，然後用木杵搗起來。

此時太陽初升，燦爛的陽光將每個人的身上都披上了一層七彩的光環，富翁忍不住往老嫗的石臼裡望去。

頓時，他大吃一驚，原來這些海螺加上水被搗碎後就製成了紫色！

富翁非常高興，他趕緊拿了一個能提取紫顏料的海螺回國，然後雇人大量尋找這種海螺。

從此，埃及的國內也出現了紫色的染布，但富翁沒能因此發財，因為原料實在太稀少了。

不過富翁並沒有遺憾，只要穿上紫色衣服就已經令他很高興了。

埃及人的印染技術十分發達，他們不僅掌握了天然染色法，還會用礦物染色，印染出來的布匹顏色也非常豐富，讓人目不暇給。

在天然染色方面，他們懂得提取茜草中的茜草素做為紅色染料，而靛藍植物則被他們揉碎發酵，提取出靛藍色素，埃及木乃伊的裹屍布就是用靛藍染色的。

至於故事中富翁尋找的紫色，則是由海螺分泌物經氧化後而得，被稱為「泰爾紫」，古羅馬人將其染在自己的袍子上，顯示出身分的尊貴。

在礦物染色方面，埃及人很早就會用明礬染布，不過由於明礬摻雜鐵元素，往往達不到預期的顏色，聰明的埃及人便採用重結晶的方法淨化明礬，從而巧妙地解決了顏色不純的問題。

【化學百科講座】

紫色的意外——近代合成染料第一人帕金

威廉・亨利・帕金在英國皇家化學學校學習期間，本來想合成治療瘧疾的奎寧，當他把苯胺從重鉻酸鉀和煤油溶液中提取出來時，發現試管底部有黑色的沉澱物。當時他差點以為實驗失敗了，就想將黑色的渣滓倒入垃圾箱。

幸虧他沒這麼做，而是把沉澱物放入了酒精中。結果他發現混合物竟然變成了紫色溶液，而且溶液還能給綢緞染色。帕金將染成紫色的綢緞放在太陽下曬乾，發現紫色不但未褪，反而鮮豔如初，於是，世界上第一份人工合成染料就這麼誕生了。

9 愛泡溫泉的埃及豔后

美容與化學

埃及豔后有多美？

◎二十一歲那年，她誘惑了凱撒，並在對方的幫助下成為埃及的實際統治者。

◎二十八歲那年，她又誘惑了凱撒的助手、羅馬執政官安東尼，此時她已和凱撒育有一子。

◎三十二歲那年，已婚的安東尼不顧屋大維反對，與埃及豔后結婚，神魂顛倒的他不斷將羅馬的征服地送給豔后，並計畫將羅馬首都遷往埃及的亞歷山大里亞，羅馬人憤怒不已，認為羅馬將要變成埃及的一個行省。

◎埃及人將豔后奉若神明，認為豔后是「影響世界歷史的第一個女人」。

◎為紀念豔后，一九六三年二十世紀福斯公司投資拍攝了長達四個鐘

安東尼和克莉奧佩特拉

頭的影片《埃及豔后》，劇組兩度停工，賠了三億美元，差點讓投資公司破產。從此二十世紀福斯公司不敢再拍大片，直到三十年後《鐵達尼克號》出現，大片才重現銀幕。

埃及豔后的名字叫克莉奧佩特拉，她是古埃及托勒密王朝的最後一個法老。

克莉奧佩特拉是埃及人心中的女神，而全世界的人們也都喜歡她，除了英國人，英國人總是千方百計想證明豔后是個矮胖的老巫婆。

大家之所以喜歡豔后的原因，無外乎一個理由：她是個美女。

沒聽說過一句話嗎？美女總是可以被原諒的，所以即便豔后再風流再玩弄感情，她仍是詩人們心目中的最佳情人。

男人征服世界，女人靠征服男人來征服世界，這或許是對克莉奧佩特拉的真實寫照，不過人無千日好，花無百日紅，再美的女人也有色衰的一天，那麼，克莉奧佩特拉是怎樣十年如一日維持自己的絕美風姿的呢？

原來她有個祕密武器，就是在死海邊建有一個御用化妝品工廠和一個皇家溫泉浴池。

克莉奧佩特拉知道美貌是女人的厲害武器，因此她每天都要去泡溫泉，而且一泡就是幾個鐘頭。

埃及人認為死海中的淤泥具有美容養顏的效果，雖然當時沒有任何科學根據，克莉奧佩特拉還是照做不誤，並堅持了數十年，果然，她的皮膚始終如剝了殼的雞蛋，吹彈可破。

哪個女人不愛美呢？當埃及豔后紅顏不老時，其他埃及女子也豔羨不已。

可惜皇家溫泉只能讓克莉奧佩特拉一人享有，平民百姓是無權享受的，那眾人的需求該怎麼滿足呢？

聰明的商人立刻想到在城市裡開設美容浴室的方法。

果然，標榜媲美埃及豔后美容溫泉的浴室一開張，就吸引了無數女性。浴室為女性提供了牛奶、雞蛋、橄欖油、玫瑰花等多種美容浴湯，讓愛美的埃及女性備感容光煥發，因此生意興隆。

兩千多年後，埃及豔后的溫泉遺址重見天日，科學家經過研究發現，死海中的淤泥含有氯化鈉、氯化鈣等二十五種呈游離態存在的珍貴礦物質，高於世界其他地區海泥礦物含量的十倍！

死海的淤泥不僅能醫治皮膚病，還能滋潤皮膚，難怪埃及豔后如此美麗動人了。

埃及女人非常注重儀容與裝扮，她們巧妙運用化學知識，為身體的各個部位裝扮得明豔動人：

1、頭髮——護髮素「漢娜」。

用鳳仙花加開水研磨，然後加入紅茶、檸檬汁或優酪乳，攪拌後使其發酵幾個鐘頭，然後塗抹在頭髮上，過三個多小時後再洗淨。

神奇之處：不僅能護髮，還能將頭髮染成棕紅色或黃色。

2、眼睛——黑色和綠色眼影。

黑色眼影由方鉛礦粉末製成，綠色眼影由孔雀石粉末製成。

神奇之處：據說能保護眼睛免受陽光的炙烤。

3、胭脂和唇彩——紅赭石。

用紅赭石與脂肪或樹脂混合，然後塗抹在皮膚上。

神奇之處：能加速癒合因燒傷而導致的疤痕。

【化學百科講座】

揭祕世界天然美容溫泉

◎依雲溫泉

地點：法國埃維昂。

簡介：全球唯一天然等滲性溫泉水，酸鹼度幾乎為中性，具有保濕效果。

◎ Vichy 溫泉

地點：法國薇姿。

簡介：溫泉含鈣、鎂等十七種礦物質和十三種微量元素，可美容又可治病。

◎巴馬六環水

地點：中國廣西巴馬瑤族自治縣。

簡介：該地的水為小分子團的六環水，簡而言之就是富含礦物質和微量元素，對人體極其有益，長期飲用能使人的皮膚變得水潤嫩滑。

◎黑維斯溫泉

地點：匈牙利黑維斯溫泉城。

簡介：湖底黑泥具有多重美容醫療效果，此外這是世界唯一的溫泉湖。

◎羅托魯阿火山溫泉

地點：匈牙利。

簡介：火山泥漿中的礦物質能緊致皮膚、舒暢毛孔。

10 蔡倫的廉價造紙術

平民百姓的福利

主角檔案

蔡倫

姓名：蔡倫，字敬仲

職位：東漢太監。

優點：聰明，會思考，動手能力強。

缺點：見風轉舵、趨炎附勢。

成就：改進了造紙術。

榮譽：影響人類歷史進程的一百名人之一。

大事年表：

西元七五年，年僅十五歲的蔡倫不幸入宮當了太監。

西元八八年，漢章帝卒，之前蔡倫受竇太后指使將章帝的妃子宋貴人、梁貴人剷除，梁貴人之子劉肇成為竇太后養子，當年登基。

西元九二年，蔡倫造出植物纖維紙。

西元一〇五年，「蔡侯紙」流行全國，蔡倫受到漢和帝讚賞。

西元一二一年，漢安帝繼位，蔡倫因曾逼迫安帝皇祖母宋貴人致死，害怕受罰，自殺身亡。

我們看了這份檔案，難免唏噓。

為什麼呢？

因為在蔡倫的身上展現出人性的複雜。

沒錯，在政治舞臺上，蔡倫是個小人，他長袖善舞，看誰權勢大就往誰身邊爬；可是另一方面，他又是個體恤民情的好官，為了讓百姓用上價格低廉的紙，他費盡周章，誓要優化造紙術。

在蔡倫生活的年代，人們已經掌握了造紙術，但造紙的原料來自於蠶繭，不僅產量少，而且價格昂貴，所以尋常百姓都在竹片上寫字，這便是竹簡。

可惜竹子雖然便宜，卻太重，尤其是孩童念書還要背那麼多竹簡，簡直有些不堪重負，蔡倫就決心製造一種便宜的紙，來替百姓們分憂。

有一天，宮裡新來了一位工匠，蔡倫聽說對方來自盛產蠶絲的江南，不由得激動不已，連忙找上門來詢問造紙法。

工匠告訴他，只要有纖維，就可以造紙。

蔡倫聽罷陷入了沉思。

一連幾天，蔡倫都在思考可以產生纖維的物品，可惜他從未做過試驗，不知道哪些東西可以被運用到造紙術上。

一天，他在冥思苦想一番始終無果的情況下，忽然一拍桌子，碰翻了桌上的一壺茶。

隨著茶杯的「哐噹」落地，蔡倫大吼一聲：「與其空想，不如動手試試看！」

他立即把工匠叫過來說：「從現在開始，我們就嘗試用不同的材料造紙，看能不能提取纖維。」

工匠連連點頭。

於是，兩個人就找來很多樹皮、破布，放到一口大鍋中去煮，後來蔡倫還找來了破魚網，也放入鍋中。

當鍋裡的東西煮熱以後，他們又將那些材料撈出來，放入石臼中搗成漿液，工匠找來漂白粉，將漿液漂成白色。

最後，兩人將漿液小心地鋪在竹席上，薄薄得鋪了一層，讓其陰乾。轉眼間，一天過去了，漿液真的變成了一張輕薄的紙。

蔡倫欣喜萬分，用毛筆在紙上書寫了幾筆，他驚喜地看到這種紙不僅吸墨快，還不易暈染，頓時大笑著拍拍工匠的肩膀：「我們成功了！」

後來，他將這種紙獻給漢和帝，受到了皇帝的大加讚賞。很快，全國百姓們都有能力使用蔡倫製造的紙了，出於對蔡倫的尊重，大家都將這種紙叫做「蔡侯紙」。

在紙未發明前，人們都是用什麼方式來記錄的呢？

◎最古老方法——結繩

遠古人類為了方便計數，就在繩子上打結，以防止自己忘記東西的數量。

◎最早的漢字——甲骨文

起源於商朝後期，距今約兩千年，是王室為了占卜記事而在龜甲或者獸骨上所雕刻的文字。

◎最具研究價值的文字——銘文

專指鑄刻在用於祭祀的青銅器上的文字，一般記載了國家或宗族的大事，所以具有很高的研究意義。

◎最早的書籍——竹簡

在戰國至魏晉時期流行，將竹片用繩編聯起來，就成為「簡牘」，一篇文章就可以被書寫進簡牘裡了。

◎最貴的記載工具——絲絹

古代資源匱乏，絲絹還曾做為一般等價物，足見其昂貴程度。

【化學百科講座】

中國最早的造紙法——漂絮法

1、蒸煮：將劣質的蠶繭收集起來煮熟。

2、搗碎：將熟蠶繭撈出，反覆捶打，於是蠶衣便被搗碎成漿液。

3、風乾：將蠶漿鋪在篾席上，等那層薄薄的纖維曬乾，就成了紙。

11 流行中世紀的四元素說

亞里斯多德的貢獻

亞里斯多德

主角檔案

姓名：亞里斯多德

國籍：希臘。

出生地：色雷斯的斯塔基拉城。

星座：牡羊座。

血型：如果他是A、B、O、AB中的一種，該血型的人都要偷笑了。

地位：古希臘博物學家，最偉大的學者之一。

老師：柏拉圖。

學生：幾乎在他之後的所有西方哲學家。

軼事：

西元前三四五年，與雅典新首腦的世界觀發生分歧，憤然出走。

同年，他去小亞細亞找自己的同窗赫米阿斯，當時赫米阿斯還是一個小國的統治者，結果亞里斯多德成功擄獲同窗的姪女的芳心，兩人結婚。

西元前三四四年，赫米阿斯被殺，亞里斯多德攜全家逃亡。

西元三三五年，他回到雅典建立學校。他喜歡一邊講課一邊在花園中走動，所以其哲學被稱為「逍遙哲學」，他亦成為逍遙派掌門。

西元前三二二年，六十三歲的亞里斯多德死亡，死因成謎。最離奇的說法是，他因為解釋不了潮汐現象而憂鬱萬分，跳海自殺。

大家都知道，中國古代有五行說，那麼在西方，又有什麼最基礎的化學理論呢？

那便是亞里斯多德發展的四元素說。

何為四元素，便是水、氣、火、土四種元素。

其實早在亞里斯多德以前，西方的哲學家就提出了四元素的雛形學說，大家絞盡腦汁思考這四種元素分別是何等物質，怎樣去組成了這個世界。

不過，直到亞里斯多德時期，四元素論才真正得以確立，並影響了整個中世紀的化學。

這是為什麼呢？

原因很簡單：亞里斯多德太有名了，而「名言」總是跟「名人」聯繫在一起。

拉斐爾的畫作《雅典學院》，畫面中心是兩位偉大的學者——柏拉圖與亞里斯多德（右）。

西元前三四七年，亞里斯多德的老師柏拉圖去世，雅典城沉浸在一片悲痛之中，彷彿一夜之間，世界的顏色都成了灰色。

亞里斯多德儘管也很悲傷，但他還是認為人們的痛苦太矯揉造作了，而那些為了悼念而將柏拉圖奉為神明的人們更是令他覺得匪夷所思。

一個秋日的午後，正當亞里斯多德在花園裡散步，一群師弟圍了上來。

師弟們個個兩眼放光，激動地問亞里斯多德：「師兄，聽說你最近創立了一個新理論，是關於世界組成的學說嗎？」

亞里斯多德點頭，暗喜：這些孩子還挺關注我的啊！

沒想到一個愣頭青年馬上問：「柏拉圖導師曾經將四元素用幾何形狀展現出來，請問師兄你也設定了形狀嗎？」

亞里斯多德立刻皺眉，他本來就不喜歡柏拉圖的幾何學，眼下見幾個師弟如此不懂事，立刻板起一張臉，開始說教：「四元素是多變的，不能用具體形狀來描述。」

幾個師弟異口同聲地問道：「為什麼呢？」

亞里斯多德白了眼前幾個人一眼，耐著性子解釋道：「因為四元素會互相轉化，比如水會轉化成氣，你們如何能說它們的形狀固定呢？」

師弟們頓覺有理，紛紛點頭。

亞里斯多德見大家開始贊同自己的觀點，這才變得熱情起來，繼續闡述道：「四元素理論是有充分的現實依據的。土最重，所以組成了土地；水比土輕，所以能流動在土壤之上；火和氣更輕，便能飄起來，圍繞著大地，世界由此產生。」

此時，大家已經徹底被四元素理論折服，對亞里斯多德敬佩萬分。

四元素論的第一位貢獻者是希臘哲學家泰利斯，他認為萬物由水組成；結果另一位哲學家阿那克西曼德提出異議，認為水、空氣、土才是萬物之本。

總而言之，在西元前五世紀，萬物組成學說基本還只是圍繞著單一元素展開，直到希臘數學家畢達哥拉斯的出現，四元素說才展露雛形。

可惜畢達哥拉斯癡迷於數學，硬生生將化學理論變成了數學理論，後來的恩貝多克斯則進行了拓展，認為四元素由於引力和斥力作用，可相互混合或分離，這些便是在亞里斯多德以前的未成形的四元素說。

【化學百科講座】

四元素說最深遠影響——西方傳統醫學

四元素說影響了煉金術，讓術士們認為金屬是可以轉化的，但其最深遠的影響，則在傳統醫學上。

西元前四世紀，西方醫學之父希波克拉底根據四元素說提出四體液說，認為人之所以生病，是因為體液不平衡，由此衍生出放血、發汗、催吐、排泄等療法，其體液對應的元素如下：

肝製造血液——氣。

肺製造黏液——水。

膽製造黃膽汁——火。

脾製造黑膽汁——土。

12 將化學應用於醫學的第一人

帕拉塞爾蘇斯

主角檔案

姓名：帕歐雷奧盧斯．菲利浦斯．西奧弗雷斯塔斯．包姆巴斯塔斯．馮．奧享海姆（是不是有種眩暈的感覺？）

自稱：帕拉塞爾蘇斯，「帕拉」是超越的意思，塞爾蘇斯則是比帕拉塞爾蘇斯早一千年出生的古羅馬的一位家喻戶曉的醫生。

帕歐雷奧盧斯· 菲利浦斯· 西奧弗雷斯塔斯· 包姆巴斯塔斯· 馮· 奧享海姆

國籍：瑞士。

星座：天蠍座。

職位：醫生、煉金術士。

性格：狂妄自大，導致樹敵無數。

成就：醫藥化學的鼻祖。

爭議事件：

◎一五二七年，他擔任巴塞爾大學的醫學教授，卻不用流行的拉丁文講課，轉而用德語，讓很多學生氣憤。

◎他攻擊當時被人們尊敬的古代醫生蓋倫，並在課堂上焚燒蓋倫的著作，結果被校方解聘。

帕拉塞爾蘇斯，這是個頗不受當時化學界歡迎的人物，他性格傲慢、言行偏激，每到一處如同獵物進入射擊範圍，身受攻擊無數。

不過，敢如此狂妄的，不是傻瓜就是天才，而他無疑是個天才。

他在化學上的偉大貢獻是開發了礦物質做為藥物，因為在他生活的年代，人們生病了仍舊得藉助植物，根本不懂得無機礦物藥劑的重要性。

為了研製藥物，帕拉塞爾蘇斯有計畫地做了很多實驗，並記錄下各種金屬的化學性質，而他的做法也給了後人啟示：先做實驗，而後根據化學性質歸納物質的種類。

不過沒有人願意跟帕拉塞爾蘇斯搭檔做實驗，大家都受不了他說話的方式，帕拉塞爾蘇斯也樂得清靜，他心想，與其讓一群笨蛋跟著我，還不如我一個人來得方便！

一五二七年，新教改革運動在歐洲大陸轟轟烈烈地展開了，一位名叫喬安·弗羅本尼亞斯的印刷家，同時也是清教徒的人，他患了很嚴重的腿疾，雙腿潰爛得不成樣子，每天，家人都為他在雙腿上敷滿草藥，可是病情卻日益加重，眼看就要到截肢的地步了。

喬安痛苦不堪，他是個富有熱情的人，還想日後為新教奔走，呼籲廣大教徒為自己的權利抗爭，眼下卻要終生與輪椅為伴，讓他如何受得了？

他找到自己的朋友伊雷斯瑪斯，希望對方可以幫助自己。

伊雷斯瑪斯有點為難，他告訴老友：「我知道有個人或許能夠救你，可是又不知他是否願意救你。」

喬安感到莫名其妙，他說：「那就去找找他吧！也許他願意呢！」

好友想找的醫生就是帕拉塞爾蘇斯，卻又擔心對方不僅不肯醫治，還會用傳說中的「毒舌」嗆他們。

其實大家都誤解了帕拉塞爾蘇斯，他雖然說話難聽，卻是個很有醫德的醫生，而且特別喜歡疑難雜症，因為這意謂著他的臨床實驗有對象了。

在喬安的堅持下，伊雷斯瑪斯帶著他找到了帕拉塞爾蘇斯。

當時巴塞爾大學幾乎所有的教授都對喬安的重症表示吃驚，他們甚至打算開一個冗長的座談會，來討論到底該如何醫治快要壞掉的腿。

此時，帕拉塞爾蘇斯不由分說帶走了喬安，並將所有追過來的教授趕出自己的實驗室外，接著，他拿起手術刀給喬安做了一個即將聞名歐洲的外科手術。

經過帕拉塞爾蘇斯的努力，喬安的腿終於被保住了，伊雷斯瑪斯感激地給醫生寫信：「感謝你救了我一半的生命！」

然而，此刻帕拉塞爾蘇斯卻在實驗室中拿起了幾罐藥品，暗忖：原來這些藥真的有效啊……

帕拉塞爾蘇斯的結局很悲慘，他在窮困潦倒的晚年被一個狂熱份子殺死在一個酒館中，但他卻受到激進人士的歡迎，被評為比肩伽利略、哈威、法拉第的著名科學家。

他的其他貢獻主要有：

1、提出人體是一個化學系統的理論，他認為這套系統由汞、硫、鹽組成，而礦物藥是平衡人體系統的助手。

2、提出不同藥物針對不同疾病的理論，反對一藥治百病。

3、據說他是第一個發現了鋅。

4、他是第一個給酒精正式命名的人。

5、他是第一個確認工業病的人。

【化學百科講座】

醫藥化學興起的背景

十五世紀末十六世紀初，化學進入到一個嶄新的階段，即醫藥化學階段。這一時期也是歐洲的文藝復興時期，不僅文藝得到發展，工業也迅速壯大，力學（紡織、鐘錶製造、水磨）、化學（染色、冶金、釀酒）及物理學（透鏡製造）均有了大量事實依據，且出現了很多新型儀器，這些都促使實驗科學向著更系統的狀態前進。

13 打破古代煉金術的桎梏

阿格里柯拉與《論礦冶》

主角檔案

姓名：格奧爾格烏斯·阿格里柯拉，德語及拉丁語翻譯為「喬治農夫」

國籍：德國。

星座：牡羊座。

頭銜：地質學與礦物學之父。

代表作：《論礦冶》。

軼事：

三十二歲：成為職業醫生，卻狂熱地癡迷開採礦石。

四十二歲：他運用自己的礦物只是進行投資，成為千萬富翁。

六十一歲：感染黑死病，逝於德國的凱姆尼茲，因其信奉天主教，當地的新教徒不讓人們將他葬於當地。

誕辰六十二週年：《論礦冶》一書終於出版，被譽為西方礦物學的開山作。

古代的人們崇尚煉金術，希望用賤金屬提煉出黃金這種貴金屬，頗有點類似於貪小便宜的心理。

煉金需要礦石，礦石又需要開採，所以古人們就千方百計尋找礦石，然後前仆後繼地做著點石成金的美夢。

結果夢碎了，他們一塊黃金都沒煉出來。

為什麼呢？

因為他們根本就不懂得那些礦石的性質，只知道將礦石往煉金的大鍋裡一放完事，最後怎麼能不失望呢？

在十五世紀末期，德國化學家阿格里柯拉出生之前，沒有人能系統地闡述礦石的物理與化學性質，可能上天為了寬慰一下人們經歷了長期煉金的失敗而受傷的心靈，便將阿格里柯拉派往人間，讓他教導大眾如何正確冶煉金屬。

阿格里柯拉的青年時代與如今一般的年輕人沒有區別，他規規矩矩地讀完了大學，拿到了一個掛職醫生的牌照，眼看就可以賺錢養活家人了。可是天才的想法又豈非常人能比！

他馬上宣稱，自己要研究約阿希姆斯塔爾的礦工的病情，所以需要親自開採礦石。

當時約阿希姆斯塔爾有很多開採白銀的礦山，很多礦工因為日夜勞作而得了很嚴重的肺病，阿格里柯拉的說法無可厚非，但他並未將自己的真實想法告訴家人。

實際上，他真正感興趣的是熔煉礦石，並將反應物用於藥物治療上。

結果他一採就是十年，而十年後，他又變本加厲，搬到了德國著名礦業城市凱姆尼茲。

經年累月地與礦石打交道，阿格里柯拉累積了不少心得，於是他奮筆疾書，寫出了不少專門介紹礦藏的書籍。

然而真正令他成為劃時代巨星的，卻是在他逝世四個月後發表的《論礦冶》。

這本書在當時，甚至是幾百年後都可稱得上是礦石理論的集大成者，阿格里柯拉教導大家礦石的地質結構、規律以及具體的採礦方法。

更重要的是，他總結出了一些礦石的化學性質，如銀與銅的合金可以用與硫酸產生化合反應的方式，提煉出純銀，因為銅與硫化合會成為硫化銅。

阿格里柯拉教導人們要根據不同的礦石採用不同辦法來冶金，這就駁斥了煉金術中的概論：只要是金屬，都可以成為黃金。所以說，《論礦冶》是一部具有劃時代意義的鉅著。

煉金術者所採用的一個普遍的方法是把四種常見金屬銅、錫、鉛、鐵熔合，獲得一種類似合金的物質。

《論礦冶》的主要內容有幾部分：

第一卷：總論。

第二至第六卷：採礦知識介紹。

第七至第八卷：講述礦石溶解前的準備工作。

第九至第十二卷：金屬的化學性質及如何分離金屬。

在該書的第四部分，阿格里柯拉對金、銀、銅、鐵、錫、鉛、汞、銻、鉍等金屬做了詳細的介紹，他教人們如何從化合物中提取貴金屬，而當年他就是用書中的這些方法取得了金銀，走上了致富之路。

【化學百科講座】

化合物是什麼？

化學上將化合物成為由至少兩種的元素組成的純淨物，比如在日常生活裡，水就是化合物。

分類：共價化合物：化合物以分子的結構存在，也叫分子化合物，比如水、糖；離子化合物：化合物以離子的結構存在，比如鹽。

14 實驗化學的鼻祖

海爾蒙特的柳樹實驗

主角檔案

揚· 巴普蒂斯塔 · 范 · 海爾蒙特。

姓名：揚·巴普蒂斯塔·范·海爾蒙特

國籍：比利時佛拉芒。

頭銜：化學家、生物學家、醫生。

學位：魯汶大學的醫學博士。

自稱：火術哲學家。

興趣：來一場說走就走的旅行。

最得意的事情：

1、娶了一個富有的美女為妻，並在維爾烏德舉行了一場盛大婚禮。

2、做了一場柳樹實驗，自認為驗證了自己提出的「萬物來自於水」的理論。

3、出版了一本著作《論磁性治療》，可惜這本書被宗教法庭判定為異端學說，結果倒楣的海爾蒙特蹲了八年牢獄。

中世紀的化學是四元素論的天下，同時煉金術也頗為流行，但時代的車輪勢不可擋，近代化學的航船已經起錨，那誰充當了這過渡時期的重任呢？

他便是海爾蒙特。

海爾蒙特是醫生又是化學家，他在獲得博士學位後，總想著為人們做些實事。這時學校讓他去教書，叛逆的他覺得校園裡學不到什麼真本事，便一句話也不說，收拾好行李踏上了漫遊歐洲的旅程。

也不知是他眼光太高，還是沒有機遇，在遊歷了那麼多國家後，他仍舊覺得學不到知識。

不過在旅行期間，有一件事倒是對他觸動很大：當時的化學和醫學知識相當匱乏，人們生了病後只會藉助草藥來治療，卻不懂得化學藥劑具有更好的療效。

這件事促使海爾蒙特下定決心要多做化學實驗，研製出造福民眾的藥品。

於是，他再度拒絕國王和主教的任職邀請，而是窩在家中專心致志做起了實驗。

補充一句：可能海爾蒙特知道自己將會成為一個自由工作者，所以才娶了一個富有的女子為妻。

他花了大把時間在化學實驗上，每天臉也不洗頭也不梳，搞得自己像個山洞裡的野人。

他還給自己取了個外號——火術哲學家。其實，受煉金術影響的他並不認為火元素是地球的物質基礎，他覺得水元素才是生命之源。

為了證明自己的觀點，某一天他開始動手做一個柳樹實驗。

他將一個瓦盆裡盛放上兩百磅的乾土，然後用水將土壤澆濕，種上一株重量為五磅的柳樹枝幹。

眾所周知，柳樹的枝幹插在土壤裡能生根發芽，於是五年以後，這株枝幹已經長成為一棵小樹了，海爾蒙特這才把柳樹挖出來，並小心翼翼地將樹根上附著的土壤收集到瓦盆裡，又再次將盆裡的土進行乾燥。

當土壤完全變乾後，海爾蒙特重新秤了一下土壤的重量，發現只少了3盎司。

他激動地跳起來，叫道：「我成功了！柳樹果然是由水長成的！」

他的實驗轟動一時，大家都找不出辯駁他的理由，因為做實驗的人只有他一個，而誰又能花個五年時間來推翻海爾蒙特的觀點呢？

如今用科學眼光去看海爾蒙特的理論，不難發現有很多問題。

柳樹增加的重量一定來自於水嗎？

未必，一定還有土壤中的礦物質、空氣中的氣體及微生物。

儘管海爾蒙特鬧出了這個科學笑話，但他的此番舉動仍具有相當大的意義。他是近代的實驗狂人，一生做實驗無數，而他也讓化學實驗成為化學領域裡的一個重要步驟，這不能不說是海爾蒙特的最大貢獻。

【化學百科講座】

海爾蒙特的其他重要貢獻

1、提出「氣體」概念：古人以為「氣」就是指空氣，但海爾蒙特卻說：「氣體是個籠統的概念，它包含不同的氣體。」他還認為木頭燃燒後會產生「野氣」，實際上野氣就是二氧化碳。

2、發現氨氣。

3、區分了蒸氣和氣體的概念。

15 元素概念的首次提出

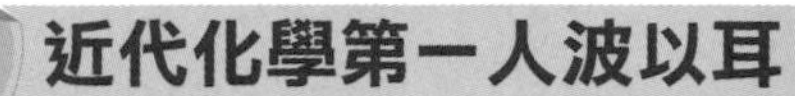

近代化學第一人波以耳

羅伯特・波以耳

主角檔案

姓名：羅伯特・波以耳

國籍：英國。

星座：水瓶座。

愛好：看書、學習。

優點：文靜、有上進心。

缺陷：有點口吃。

最崇拜的人：伽利略、格勞伯。

職位：英國皇家學會發起人及幹事之一。

成就：在物理學、氣象學、哲學、神學中均有涉獵，但成就最大的是化學。

這位波以耳是個懂得反思且具有批判精神的科學家。

在剛接觸化學那陣子，他也深受四元素論影響，和其他科學家一樣研究起了空氣。

結果他推斷出空氣的壓力與其體積成反比，十五年後，法國才有一位叫馬略特的物理學家得出這個結論，可見波以耳的厲害之處。

不過如此聰明的波以耳也有崇拜的人，那就是德國的工業化學家格勞伯。

格勞伯將自己的大半輩子風險給了化學實驗，還寫了一本名為《新的哲學熔爐》的書，當波以耳讀了這本書後，他激動萬分，決定要跟隨前輩的腳步，將化學發揚光大。

那時化學還不是一個系統的學科，波以耳認為，如果要讓化學脫離煉金術或者醫學，就必須先闡述化學的概念。

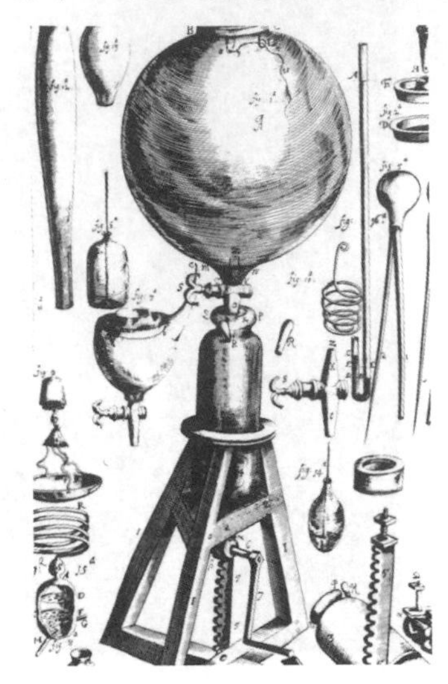

波以耳的真空泵

某一天，他恰巧又翻到了柏拉圖的元素論，不由得腦中靈光一閃，心想，元素不就是化學中的第一個基本概念嗎？

是的，當時科學界普遍流行四元素說，而這一學說也盛行了兩千年，醫學界還據此衍生出硫、汞、鹽的三元素理論，但這些所謂的「元素」，都跟波以耳所想的元素大相徑庭。

於是，波以耳開始撰寫論文，並發表演講，質疑傳統的四元素說。

他告訴人們，四元素論中的「元素」並非真正的元素，因為它們可以被繼續分解，但是，元素實際上是一種不能再被化學方法分解的最簡單物質。

那元素到底有多少種呢？波以耳認為，不是亞里斯多德說的四種，也不是醫學家們說的三種，而是很多種。

三百年後，科學家們再一次證明，波以耳具有超前的智慧，他的元素理論相當於道爾頓的原子論，而在當時，波以耳沒有聽信權威，而是獨闢蹊徑創立了自己的理論，是當之無愧的近代化學第一人。

波以耳出生於愛爾蘭一個貴族家庭，他在幼年時期曾在瑞士的日內瓦學習。當時瑞士正在開展宗教改革運動，所以波以耳深受資產階級革命的影響，跟著同情革命的姐姐去了倫敦，從而結識了大批科學家，為他日後的化學研究開闢了道路。

就在波以耳提出「元素」概念之後，他又出版了一本名為《懷疑派化學家》的書，他發覺到化學實驗的重要性，並反覆強調化學只有拋棄傳統理論，才能獲得進步，可以說，這本書就是近代化學的開山之作。

【化學百科講座】

波以耳人生的重要轉捩點——中毒事件

在波以耳三歲時，母親因病去世，本來波以耳的身體就不好，加上無人照料，他一直被疾病纏身。

有一次，醫生給小波以耳開錯了藥，害得他上吐下瀉。沒想到，正是因為波以耳對藥的過敏，才讓本來可以奪走他性命的藥沒有產生作用。

但經歷此事的波以耳從此就怕了醫生，他努力研究醫學，調配藥物，為的是給自己治病，正因如此，他才醉心於化學實驗，並取得了很大成就。

16 燃素論的破產

近代化學奠基人拉瓦錫

主角檔案

姓名：安東莞－洛朗·拉瓦錫

國籍：法國。

星座：處女座。

職位：法國科學院名譽院士、包稅官。

成就：發現氧氣、近代化學之父。

出身：生於一個巴黎貴族家庭，典型高富帥。

優點：擁有無上的智慧，為科學不顧一切。

缺點：貪財。

悲情時刻：一七九四年，五十一歲的拉瓦錫因參與波旁王朝的政治，在法國大革命中被處決，當時成百上千的人為他求情，可是羅伯斯庇爾不為所動。義大利數學家拉格朗日對此痛心地說：「人們可以一眨眼就把他的頭砍下來，但他那樣的頭腦一百年也長不出一個來了。」

安東莞－洛朗·拉瓦錫

要解釋拉瓦錫的貢獻，得先解釋一下「燃素論」。

什麼是燃素論呢？

這還得從古人們對火的崇拜說起。

古時候人們無法解釋燃燒這種現象，覺得非常神奇，而被燒的物體在火焰熄滅以後就會輕了許多，也很難再被燃燒一次，人們就猜測，火中一定有什麼東西幫助了燃燒，同時又在燃燒過程中逃離到了空氣裡。

那麼，這個東西是什麼呢？

誰也不知道，就乾脆將其命名為「燃素」。

從燃素論產生的那一刻起，科學家們對這個理論深信不疑，即使後來人們認識到空氣對於燃燒的重要性，也依舊固執地認為：一定是燃素跑出來了！

因為燃素論給予了燃燒現象一個看起來很合理的解釋，所以大家都不想撼動權威，對燃素論提出異議。

這時，只有一個叫拉瓦錫的化學家對燃素論表示了懷疑。

他做了很多的燃燒試驗，結果發現：木頭經過燃燒，質量確實變輕了；可是金屬在經歷劇烈燃燒後，質量反而增加了！

拉瓦錫心中起了疑問：如果真的有燃素，那它逃脫到空氣中後，被燒的物體為什麼不是統一地變輕呢？

為了得到更加準確的試驗結果，他又做了第二個試驗。

他取出一個密閉玻璃容器，容器內裝有空氣和固體物質。他先將容器秤重，然後用放大鏡將陽光聚焦到容器內的物體上，使得該物質徹底燃燒。最後，他再秤了一下容器的重量，發現在燃燒前後，容器的重量是一樣的！

奇怪，這是怎麼回事？

拉瓦錫怕出錯，又反反覆覆做了幾

拉瓦錫伉儷

遍，依舊得出相同的結果，他忽然恍然大悟，脫口而出：「我明白了！一定是空氣中有一種物質元素參與了化學反應，所以並沒有燃素，有的只是這種有助於燃燒的氣體！」

拉瓦錫將這種氣體命名為酸素，其實就是我們今天所說的氧氣。同時根據這一實驗，他得出了一個重要結論：物質在化學反應前後，只會發生形變，質與量卻是守恆的，這就打破了煉金術的物質變化的想像，讓中世紀的化學無以為存，從而奠定了近代化學的基礎。

燃素學說發展史——

古代：人們相信火是萬能的物質分離器，而燃素則有益於幫助燃燒；十七世紀：燃素論出現。德國化學家貝歇爾及其學生斯塔爾認為，易燃物因含有較多燃素，所以易燃；空氣的作用是在燃燒過程中帶走燃素。

十八世紀：氧化說誕生。瑞典化學家舍勒製造出了純淨的氧氣，但他被燃素論桎梏，將氧氣命名為「火氣」，還提出了一個錯誤觀點：燃燒是火氣與物質中的燃素相結合的反應，後被拉瓦錫證實觀點錯誤。

【化學百科講座】

與氧氣失之交臂的化學家——約瑟夫·普利斯特里

早在拉瓦錫發現氧氣的十一年前，英國化學家約瑟夫·普利斯特里就發現了氧氣，但迷信燃素論的他將氧氣命名為「脫燃燒素」，還讓兩隻老鼠呼吸「脫燃燒素」。可是他對於該項研究並不感興趣，在做完實驗後，他就開始了歐洲度假旅行，結果白白地把「氧氣之父」的頭銜讓給了拉瓦錫。

17 充滿大膽想像的天才

道爾頓與原子論

主角檔案

約翰．道爾頓

姓名：約翰．道爾頓

國籍：英國。

星座：處女座。

缺陷：色盲。

出身：窮苦的紡織工之子。

學生：物理學家詹姆斯．普萊斯考特．焦耳。

婚姻：終生未婚。

遺憾：始終掙扎在貧困環境中。

優點：為科學事業奉獻了自己的一切。

缺點：晚年思想僵化，傲慢保守。

成就：發現色盲症、發現原子。

頭銜：「近代化學之父」。

趣聞：

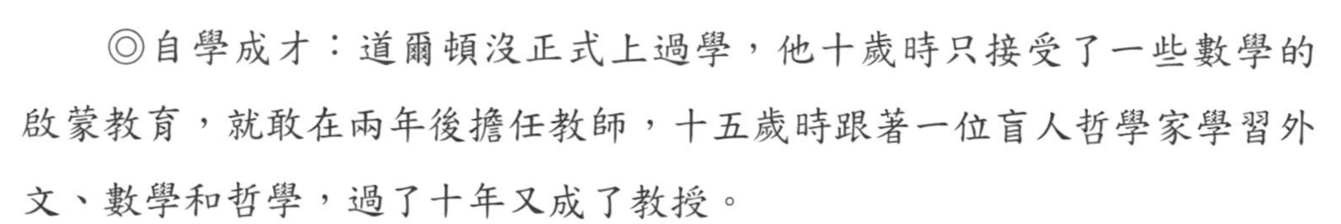

◎自學成才：道爾頓沒正式上過學，他十歲時只接受了一些數學的啟蒙教育，就敢在兩年後擔任教師，十五歲時跟著一位盲人哲學家學習外文、數學和哲學，過了十年又成了教授。

◎人造鬧鐘：道爾頓在肯德爾一所學校任教期間，每天早上六點都會準時開窗測溫，結果對面一個家庭主婦將道爾頓當成了人造鬧鐘，道爾頓一開窗，她也起床做早飯，兩人「默契配合」了幾十年。

◎解剖眼球：道爾頓是色盲，他希望自己死後眼球能被解剖，以查出色盲的真正原因。他本以為是自己的眼睛出了問題，但科學家發現他的眼球正常，只是缺乏對綠色敏感的色素。

繼波以耳提出化學元素論後，拉瓦錫又補充說明元素是不能用任何已知方法分裂成其他物質的一種物質。在二人之後，道爾頓就經常萌發出一個疑問：難道元素真的就是化學界的最小單位了嗎？

可是，有些物質就是由單一元素構成的，不還是能被人們所看到嗎？既然能被肉眼識別到，那還算什麼最小的單位呢？

道爾頓百思不得其解，他就想動手做一個實驗來解決這個問題，可是這更加增添了他的苦惱：他竟然不知道該選擇什麼實驗好！

最終，道爾頓決定用氣體做實驗，因為氣體是組織鬆散，同時又最活躍的物質。

他選取了兩種純淨的氣體，封閉在玻璃試管內，然後分別測試兩個試管氣體的壓力，隨後，他將兩種氣體混合，發現試管內的壓力確實增加了。但是，由這兩種氣體組合成的空氣的壓力，等於兩種氣體各自的壓力之和。簡單來說，就是我們生活的大氣裡有很多不同的氣體，這些氣體互不干擾，維持著自身的性質，也就是說沒有發生化學變化，那麼組成各種氣體的最小粒子是以什麼形式組合在一起的呢？

道爾頓再次陷入痛苦的思索中。

有一天，他正在屋外散步，忽然看到幾個孩子圍著一個盆子在玩水。

孩子們用一根長長的吸管插入水中，開始往盆裡吹氣。

於是，試管就開始往水裡噴出一個又一個小氣泡，這些小氣泡雖然互相貼合在一起，卻互不影響，儘管數量越來越多，卻始終能共生。

道爾頓頓時大叫一聲：「有了！」

他立刻發揮想像力，將組成物質的最小粒子描繪成一個一個非常小的球狀體，並稱之為「原子」。隨後，他又出版了一本名為《化學原理的新體系》的書，對自己的原子理論進行了詳細闡述，並成功地說服了人們。

從此，原子論成為一門新興學科，道爾頓也因此成為引領化學界走向新時代的一位奇人。

道爾頓的原子論是由古希臘的樸素原子說和牛頓的微粒說演化而來的，它的主要觀點如下：

1、化學元素由原子構成。

2、原子是化學變化中不可再分的最小單位。

3、同種元素的原子性質和品質相同，反之則各不相同，原子品質是元素的基本特徵之一。

4、發生化學反應時，原子以簡單整數比結合。

【化學百科講座】

揭開原子的神祕面紗

原子是化學反應中不可再分的最小微粒，但人們一定仍舊好奇：這個小東西的基本結構如何呢？

基本組成：原子核＋核外電子。

結構：原子圍繞原子核運動，核式結構。

原子核組成：質子和中子。

直徑：10^{-10}m。

能量：原子雖小，但原子核若有能量放出，則對人體傷害巨大，所以人體應盡量減少與放射性元素的直接接觸。

18 學術罵戰啟發的靈感

阿伏伽德羅的分子論

主角檔案

姓名：阿莫迪歐·阿伏伽德羅

國籍：義大利。

出身：都靈望族。

星座：獅子座。

學位：都靈大學法律系學士學位。

優點：聰明，只有想做的，沒有做不成的。

缺點：容貌怪異。

成就：三十五歲發表了阿伏伽德羅假說，分子學說創始人。

Amedeo Avogadro

阿莫迪歐·阿伏伽德羅

遺憾：假說一直不被承認，小道消息稱：因為他長得像壞人……

這個人物很幸運，卻又十分不幸。

幸在哪裡？

他出身富貴，父親是一個大法官，所以阿伏伽德羅不缺錢，他只要按部就班地讀書、上班，然後繼承他父親的衣缽，在法院裡謀個一官半職就可以了。

可是他又是非常不走運。

首先，他長得影響市容。

請不要排斥這個觀點，否則我想像不出有什麼道理能讓此人的觀點一而再、再而三地被他人駁斥回來。想當年，道爾頓可是一說那個誰都不知道的原子論，就立刻被捧上了天啊！

其次，他太容易轉變愛好了。

他在大學時學的是法律，而且成績很好，可是幾年之後，他突然覺得物理才是吸引自己靈魂的科學，於是又奮不顧身地學習了物理，結果從律師變成了一個鄉下教書先生。又過了幾年，他被道爾頓與法國化學家蓋·呂薩克的罵戰吸引，腦門一熱投身化學中。

可惜他研究了那麼多年的化學理論，卻始終不能被人們所接受。

這究竟是怎麼回事呢？

原來，就在道爾頓發表了原子論的第二年，蓋·呂薩克發現在同溫同壓下，發生化學反應的各種氣體體積成簡單的整數比。

蓋·呂薩克是道爾頓的忠實擁躉，他高興地認為，自己的實驗驗證了道爾頓的原子說，便提出了一個新假說：在同溫同壓的條件下，相同體積的不同氣體含有相同數量的原子。沒想到此理論惹得道爾頓大怒，他指責蓋·呂薩克天馬行空，任意妄為，殊不知自己也曾做過和蓋·呂薩克相似的實驗，還差點得出和對方相同的理論。

蓋·呂薩克一番好意反被偶像潑了冷水，他心有不甘，於是又拿出各種實驗結果來替自己爭辯。

一時間，兩人輪番指責輪番激辯，將整個歐洲的化學界鬧得沸沸揚揚，可是大家誰都不敢摻和，因為大家都不知道究竟誰對誰錯。

這時阿伏伽德羅站出來了。

他發現蓋·呂薩克的觀點有可取之處，於是在一八一一年發表了一篇論文，提出了分子的概念，認為分子由多個原子構成，這樣的話，同溫同壓下，相同體積的不同氣體就可以擁有相同數目的分子了。

誰料他的論文連半點漣漪都沒泛起。

阿伏伽德羅沒有失望，三年後，他重新發表了第二篇論文，繼續推廣他的分子說。就在這一年，法國著名物理學家安培也提出了類似分子的假說。可是人們只盯著安培，卻始終不肯搭理阿伏伽德羅。

這下阿伏伽德羅慌了，七年後他再發論文，除了重申自己的觀點，還文情並茂地講述了分子論對化學的意義。

結果，一直到他死去，也沒人相信他的話！

直到他逝世後的第四年，化學界才不得不承認阿伏伽德羅的理論是正確的，具諷刺意味的是，這時大家才意識到，阿伏伽德羅的邏輯有多清晰、論據有多準確，但這些遲到的讚美阿伏伽德羅再也不可能聽到了。

為什麼阿伏伽德羅的假說一開始不被接受，後來又被認可了呢？

因為當初人們太迷信原子，不知道分子與原子的區別。

後來，大家才發現，他們很難判定化合物的原子組成，而且原子量的測定和資料也始終亂成一鍋粥。如果醋酸可以寫出十九不同的化學式的話，那化學豈不是一門混亂的學科嗎？

一八六〇年，忍無可忍的化學家們在德國召開了一次重要會議，來自全球的一百四十名化學家展開激烈爭辯，誰都不能說服對方，直到阿伏伽德羅的假說擺放到眾人面前，才真正平息了這一場糾紛。

【化學百科講座】

分子基本概念

分子是能單獨存在，並能保持純物質化學性質的最小粒子，它由不同原子構成，而化學反應的實質，就是不同物質的分子中各原子進行了重新的排列組合，最後產生了新的分子。

19 整理撲克牌的大師

門捷列夫與化學元素週期表

主角檔案

姓名：德米特里．伊萬諾維奇．門捷列夫

國籍：俄羅斯。

星座：水瓶座。

職位：多所大學教授、英國皇家學會外國會員。

成就：改進了元素週期表並發表了世界上第一份元素週期表。

德米特里．伊萬諾維奇．門捷列夫

天才往事：

七歲：入中學，並表現出驚人的記憶力和學習能力。

十六歲：上大學，立志成為一名化學家。

二十歲：發表第一篇論著《關於芬蘭褐廉石》並在礦物學協會的刊物上發表。

二十三歲：成為彼得堡大學副教授，教授化學課。

綜上所述，不難發現這位俄羅斯化學家從小就是個神童，生於十九世紀下半葉的他一心想要將化學這門新興學科發揚光大，卻時常沮喪地發現，人們對化學並不瞭解，而化學也不過是幾個零星的化學現象而已。

門捷列夫不甘心，想要讓化學成為一門系統學科，於是他決定首先從化學的基礎理論——元素論展開研究。

當時化學家們已經發現了六十三種元素，但如何將各個元素組合在一起，卻令大家想破了腦袋。

門捷列夫也是百思不得其解，他只好將每個元素的名稱及性質寫在一張張小卡片上，然後有空就擺弄這些卡片，希望能整理出一絲頭緒。

他嘗試著將元素按照原子量遞增的順序排列在一起，可是發現這樣一來，稀土元素就沒位置了，他連聲嘆氣，暫時將卡片放在桌上，去忙別的實驗。

一天晚上，他又開始研究那副翻了好幾年的「撲克牌」，忽然，他激動地發現，自己之所以排不下去，是因為忽略了那些未知的元素。

他立刻將自己的想法畫於紙上，製成了人類歷史上的第一張化學元素週期表。

THE PERIODICITY OF THE ELEMENTS

The Elements	Their Properties in the Free State				The Composition of the Hydrogen and Organo-metallic Compounds	Symbols and Atomic Weights		The Composition of the Saline Oxides	The Properties of the Saline Oxides			Small Periods or Series
	t	a	d	A/d	RH_m or $R(CH_3)_m$	R	A	R_2O_n	d'	$\frac{(2A+n'16)}{d'}$ V		
	[1]	[2]	[3]	[4]	[5]	[6]		[7]	[8]	[9]	[10]	[11]
Hydrogen	<−200°	—	<0·05>	20	m = 1	H	1	1 = n	0·917	19·5	<−20	1
Lithium	180°	—	0·59	12		Li	7	1†	2·0	15	−9	2
Beryllium	(900°)	—	1·64	5·5		Be	9	— 2	3·06	16·5	+2·6	
Boron	(1300°)	—	2·5	4·4	3 — —	B	11	— — 3	1·8	39	10	
Carbon	>(2500°)	—	<2·0>	6	4 — — —	C	12	— — — 4	>1·0	<88	<19	
Nitrogen	−203°	—	<0·7>	20	3 — —	N	14	1 — 3* — 5*	1·64	66	<5	
Oxygen	<−200°	—	<1·0>	16	2 —	O	16		—	—	—	
Fluorine	—	—	—	—	1	F	19		—	—	—	
Sodium	96°	071	0·98	23	1	Na	23	1†	Na_2O 2·6	24	−22	3
Magnesium	500°	027	1·74	14	2 —	Mg	24	— 2†	3·6	22	−3	
Aluminium	600°	023	2·6	11	3 — —	Al	27	— — 3	Al_2O_3 4·0	26	+1·2	
Silicon	(1200°)	008	2·3	12	4 — — —	Si	28	— — 3 4	2·65	45	5·2	
Phosphorus	44°	128	2·2	14	3 — —	P	31	1 — 3* 4* 5*	2·39	59	6·2	
Sulphur	114°	067	2·07	15	2 —	S	32	— 2 — 4* 5* 6*	1·96	82	8·7	
Chlorine	−75°	—	1·3	27	1	Cl	35½	1 — 3 — 5* — 7*	—	—	—	
Potassium	58°	084	0·87	45		K	39	1†	2·7	35	−55	4
Calcium	(800°)	—	1·6	25		Ca	40	— 2†	3·15	36	−7	
Scandium	—	—	(2·5)	(18)		Sc	44	— — 3†	3·86	35	(0)	
Titanium	(2500°)	—	(5·1)	(9·4)		Ti	48	— — 3 4	4·2	38	(+5)	
Vanadium	(2000°)	—	5·5	9·2		V	51	— 2 3 4 5	3·49	52	6·7	
Chromium	(2000°)	—	5·5	8·0		Cr	52	— 2 3 — — 6*	2·74	73	9·5	
Manganese	(1500°)	—	7·5	7·3		Mn	55	— 2† 3 4 — 6* 7*	—	—	—	
Iron	1400°	012	7·8	7·2		Fe	56	— 2† 3 — — 6*	—	—	—	
Cobalt	(1400°)	013	8·6	6·8		Co	58½	— 2† 3 4	—	—	—	
Nickel	1350°	017	8·7	6·8		Ni	59	— 2† 3	—	—	—	
Copper	1054°	029	8·8	7·2		Cu	63	1† 2†	Cu_2O 5·9	24	9·8	5
Zinc	[illegible]	—	7·1	9·2	2 —	Zn	65	— 2†	5·7	[illegible]	4·8	
Gallium	30°	—	5·96	12	3 — —	Ga	70	— — 3	Ga_2O_3 (5·1)	(36)	(4·0)	
Germanium	900°	—	5·47	13	4 — — —	Ge	72	— 2 — 4	4·7	44	4·5	
Arsenic	500°	006	5·7	13	3 — —	As	75	— — 3 — 5*	4·1	56	5·0	
Selenium	217°	—	4·8	16	2 —	Se	79	— — — 4 — 6*	—	—	—	
Bromine	−7°	—	3·1	26	1	Br	80	1 — — — 5* — 7*	—	—	—	
Rubidium	39°	—	1·5	57		Rb	85	1†	—	—	—	6
Strontium	(600°)	—	2·5	35		Sr	87	— 2†	4·3	48	−11	
Yttrium	—	—	(3·4)	(26)		Y	89	— — 3†	5·05	45	(−2)	
Zirconium	(1500°)	—	4·1	22		Zr	90	— — — 4	5·7	43	−0·2	
Niobium	—	—	7·1	13		Nb	94	— — 3 — 5*	4·7	57	+6·2	
Molybdenum	—	—	8·6	12		Mo	96	— 2 3 4 — 6*	4·4	65	6·8	
						(1)						
Ruthenium	(2000°)	010	12·2	8·4		Ru	103	— 2 3 4 — 6 — 8	—	—	—	
Rhodium	(1900°)	008	12·1	8·6		Rh	104	— 2 3 4 — 6	—	—	—	
Palladium	1500°	012	11·4	9·3		Pd	106	1† 2 — 4	—	—	—	
Silver	950°	019	10·5	10		Ag	108	1†	Ag_2O 7·5	31	11	7
Cadmium	320°	031	8·6	13	2 —	Cd	112	— 2†	8·15	31	2·5	
Indium	176°	046	7·4	14	3 — —	In	113	— 2 3	In_2O_3 7·18	38	2·7	
Tin	230°	023	7·2	16	4 — — —	Sn	118	— 2 — 4	6·95	43	2·8	
Antimony	432°	012	6·7	18	3 — —	Sb	120	— — 3 4 5	6·5	49	2·6	8
Tellurium	455°	017	6·4	20	2 —	Te	125	— — — 4 — 6*	5·1	68	4·7	
Iodine	114°	—	4·9	26	1	I	127	1 — 3 — 5* — 7*	—	—	—	
Caesium	27°	—	1·88	71		Cs	133	1†	—	—	—	
Barium	—	—	3·75	36		Ba	137	— 2†	5·1	60	−6·9	
Lanthanum	(600°)	—	6·1	23		La	138	— — 3†	6·5	50	+1·3	
Cerium	(700°)	—	6·6	21		Ce	140	— — 3 4	6·74	50	2·0	
Didymium	(800°)	—	6·5	22		Di	142	— — 3 — 5	—	—	—	
						(14)						
Ytterbium	—	—	(6·9)	(25)		Yb	173	— — 3	9·18	43	(−2)	10
						(1)						
Tantalum	—	—	10·4	18		Ta	182	— — — — 5	7·5	59	4·6	
Tungsten	(1500°)	—	19·1	9·6		W	184	— — — 4 — 6	6·9	67	8	
						(1)						
Osmium	(2500°)	007	22·5	8·5		Os	191	— — 3 4 — 6 — 8	—	—	—	
Iridium	2000°	007	22·4	8·6		Ir	193	— — 3 4 — 6	—	—	—	
Platinum	1775°	005	21·5	9·2		Pt	196	— 2 — 4	—	—	—	
Gold	1045°	014	19·3	10		Au	198	1 — 3	Au_2O (12·5)	(33)	(13)	11
Mercury	−39°	—	13·6	15	2 —	Hg	200	1† 2†	11·1	39	4·5	
Thallium	294°	031	11·8	17	3 — —	Tl	204	1† — 3	Tl_2O_3 (9·7)	(47)	(4·3)	
Lead	326°	029	11·3	18	4 — — —	Pb	206	— 2† — 4	8·9	53	4·3	
Bismuth	268°	014	9·8	21	3 — —	Bi	208	— — 3 — 5	—	—	—	
						(5)						
Thorium	—	—	11·1	21		Th	232	— — — 4	9·86	54	2·0	12
						(1)						
Uranium	(800°)	—	18·7	13		U	240	— — — 4 — 6	(7·2)	(80)	(9)	

門捷列夫第一份英文版本的元素週期表

在這份週期表中，他大膽地為未知元素留出了空位，並告訴人們：原子量的大小排列是有規律的，如果有地方原子量跳躍過大，就是有新的元素尚未被發現。

兩年後，他又對第一張元素週期表進行了改進，發表了第二張表。在改後的表中，同族元素由豎排變為了橫排，從而使元素的週期性更明顯。

門捷列夫將元素週期表的理論發表於自己的著作《化學原理》中，得到了科學界的一致好評。

至今，化學界都將元素週期律稱為門捷列夫週期律，以表彰門捷列夫的不朽功勳。

化學元素週期表有何規律呢？

1、主族元素：越往左金屬性越強，越往上金屬性越強。

2、同主族元素：週期數增加，分子量逐漸變大，半徑也變大，金屬性越來越強。

3、同週期元素：原子係數的數量增加，分子量越來越大，半徑卻越來越小，非金屬性增強。

4、元素週期表的最上一排都是稀有氣體（惰性氣體），不易發生化學反應。

【化學百科講座】

第一個發現元素週期律的化學家——紐蘭茲

英國化學家紐蘭茲才是首位發現元素週期性的化學家，和門捷列夫一樣，他也看出元素該按照原子量的遞增順序排列，可惜當時沒有人贊同他的觀點，直到門捷列夫發明了元素週期表以後，紐蘭茲才獲得了遲來的認可。

20 與脂肪煙進行死亡之舞

有機化學創始人肖萊馬

主角檔案

姓名：肖萊馬

國籍：德國。

星座：天秤座。

頭銜：有機化學奠基人。

出身：一個貧困的木匠家庭。

婚姻：終生未婚（又一個為科學奉獻一生的人）。

代表作：《化學教程大全》。

青年時期，從小就喜歡化學的肖萊馬窮得上不起學，只能當藥劑師學徒維持生計。

二十五歲，他用多年來打工賺的錢報考著名化學家李比希主持的吉森大學化學系，雖然成功入學，卻只上了一個學期就因錢不夠而輟學。

二十六歲，離鄉背井去英國，成為化學家羅斯科教授的私人實驗助手；從此留在英國，一直到去世。

三十七歲，破格成為英國皇家學會會員，三年後成為歐文斯學院的第一個有機化學教授。

寒門出貴子，這句話是真真切切地落到了肖萊馬的頭上。

窮人的孩子早當家，說的是窮孩子比較早熟，思慮得較多，所以儘管肖萊馬只念了一年書，他仍舊努力掌握了化學實驗的基本技巧。另外，他還受了名化學家柯普的影響，培養了化學科學史的愛好，簡單一句話：讀吉森大學的化學系真是物超所值！

後來為了繼續鑽研自己喜愛的化學，肖萊馬去了英國。

在那裡，他不斷提醒自己要用知識改變命運，於是潛心苦練，終於取得了很多化學成果。

他的最大成就，也是令他日後揚名立萬的貢獻是對脂肪烴的研究。

什麼是脂肪烴？

就是具有脂肪族化合物基本屬性的碳氫化合物。

可能大家還是不懂，那就舉個簡單的例子，日常生活中的樟腦丸、殺蟲劑、麝香、冰片等就是脂肪烴。

很多人都坐過飛機，相信也都清楚飛機限帶的物品中就有一項是殺蟲劑，這足以說明脂肪烴的厲害之處。

在肖萊馬生活的那個年代，人們並不知道脂肪烴的危險性，而且還有很多的脂肪烴未被發現，所以肖萊馬的實驗充滿了風險，簡直可說是與死神共舞。

有一次，他對甲烷進行氧化作用，他剛把甲烷點燃，實驗室就發出了驚天動地的一聲巨響。

玻璃器皿炸裂了，飛濺的碎玻璃將肖萊馬的臉劃得鮮血淋漓。

肖萊馬的眼鏡也碎成了幾片，他痛苦地倒在地上，口中發出嗚咽聲。

其他同事聞訊過來搶救肖萊馬，當他們見到實驗室裡的狼狽景象時，都嚇得目瞪口呆。

幸虧肖萊馬戴著眼鏡，他的眼睛才得以保全。

令所有人擔憂的是，肖萊馬剛痊癒就又投入了對脂肪烴的研究中，而他打交道的這種物質極容易發生爆炸，此後，每隔一段時間，肖萊馬都要負傷幾次，他的臉上和手上永遠都有淤青和傷痕，往往是舊傷未消，新傷又起。

但是正因為他的努力，才使得人們深入瞭解了甲烷、乙烷、丙烷、丁烷直到辛烷的全部化學性質，肖萊馬開創了脂肪烴的系統研究，為有機化學的創立奠定了基礎。

肖萊馬之所以去鑽研脂肪烴，是因為一八五七年德國化學家凱庫勒提出了一個碳原子是四價的假說，這雖然是有機化學的一個基礎理論，但當時無人能證明，於是肖萊馬迎難而上，展開了一系列實驗。

他先從煤焦油和石油中提煉出高級的烷烴，如戊烷、己烷、庚烷和辛烷，然後研究它們的沸點、元素組成、分子量等。

在當時，人們只對甲烷、乙烷等最低的烷烴進行過粗略的研究，肖萊馬並不滿足，他對這些烷烴進行了鹵化、水解、氧化、酯化等反應，還深入分析了反應後的產物，得出了一系列的結論。他彌補了有機化學的空白篇章，是一位值得尊敬的化學大師。

【化學百科講座】

關於脂肪醇的化學反應——肖萊馬反應

除了脂肪烴，肖萊馬在脂肪醇方面也有很大建樹。

脂肪醇是脂肪族的醇類，從石油中提煉而成，脂肪醇作用很多，比如能增加唇蜜的潤滑感。

肖萊馬發現，在脂肪醇中，有一種化學反應可以將仲醇轉變成伯醇，後來這個反應被普遍應用到有機合成中，人們便稱其為肖萊馬反應。

21 是軍火大王也是和平元凶

諾貝爾的遺憾

主角檔案

阿爾弗雷德．貝恩哈德．諾貝爾

姓名：阿爾弗雷德．貝恩哈德．諾貝爾

國籍：瑞典。

星座：天秤座。

專利發明：三百五十五項。

公司和工廠：約一百家。

服務國家：歐美等五大洲二十個國家。

遺產：約九百二十萬美元。

頭銜：化學家、工程師、炸藥發明者、軍火商、全球最高榮譽諾貝爾獎創始人。

說起諾貝爾，幾乎無人不知，無人不曉，每一年，各個國家都在翹首企盼由他創立的諾貝爾獎能被本國國民獲得。而大家似乎忘了，諾貝爾先生最初也是一個慘澹經營的科學研究者，並非死後那個為文藝和科學奉獻大量金錢的慈善家。

諾貝爾的發跡歸功於炸藥的發明，這也是他對人類做出的最大貢獻，但後來也成為他內心沉重的枷鎖。

一八四七年的冬天，義大利化學家索佈雷羅將濃硝酸和濃硫酸的混合液滴入甘油中，製造出了對治療心臟病、心絞痛有奇效的藥物——硝化甘油。

大喜過望的他隨後產生了好奇：能否從硝化甘油中提取到更為純粹的

物質？

於是他嘗試著加熱硝化甘油，結果卻發生了大爆炸，索佈雷羅被嚇得放棄了試驗，而在他之後，很多化學家也都無功而返，有人甚至還付出了生命的代價。

諾貝爾和他的父親卻沒有被嚇倒，一八五九年，他們決心向硝化甘油發出挑戰，製成一種安全的炸藥。

孰料那一年，一個驚人的消息傳來：法國已經發明了炸藥。

諾貝爾父子大吃一驚，後來才發現，這是個假消息，父子倆遂加快了對炸藥的研究，三年後，他們開設了自己的第一座炸藥加工廠。

災難在不經意間降臨。一次實驗中，工廠發生大爆炸，諾貝爾的父親被炸成重傷，他的弟弟更是被炸死，巨大的傷痛立刻蒙住了諾貝爾的心，他差點無法繼續自己的實驗。

鄰居們都認為諾貝爾是災星，對他議論紛紛，而政府則出於安全考量關掉了諾貝爾的工廠，一切似乎糟透了。

諾貝爾想想自己傷亡的親人，忽然意識到：如果自己就此終止了實驗，那他的親人付出的代價不是白白浪費了嗎？

他重振決心，在一艘駁船上開始做發明，經歷了無數的風險和考驗後，終於製成了一種比較安全的雷汞雷管。

後來，他又發現用乾燥的矽藻土吸附硝化甘油，能讓炸藥在運輸過程中安全係數大為提高，於是又研製出了性能可靠且安全的黃色矽藻土。

經過諾貝爾十年的悉心研究，世界上的第一批硝化甘油無煙火藥誕生，諾貝爾開始在全世界設立工廠，一躍成為世界級富豪。

此時，已無人咒罵他，取而代之的，是大家對他的尊敬和稱讚，第一次世界大戰爆發後，各國都在催促著更多的炸藥能被生產出來，而在戰爭中死於炸藥威力的士兵和平民更是不可計數。

諾貝爾震驚了，他雖靠炸藥賺了很多錢，卻不能彌補內心的愧疚，他沒想到自己的發明居然成為一種奪人性命的利器，不由得陷入抑鬱之中。

在彌留之際，他將三千兩百萬瑞典克朗中的三千一百萬遺產做為基金，設立了物理、化學、生理或醫學、文學及和平五個獎項，以表彰每一年對人類做出巨大貢獻的學者，這也算是他最後對人類社會的一點歉意表達吧！

其實炸藥是火藥的「徒弟」，世界上第一個發明火藥的國家是中國，早在唐朝，中國人就發明了黑火藥，後來宋朝人將其應用於戰爭。

不過，中國的火藥需要用明火點燃，且爆炸的威力也不夠大，所以不能滿足人們的需要。

而在諾貝爾生活的時代，採礦業正如火如荼地展開，對炸藥的需求量大增，正因為如此，諾貝爾父子才萌發出製造炸藥的念頭，並陰差陽錯為世界軍火事業打下了堅固的基石。

【化學百科講座】

心絞痛的剋星——硝化甘油

硝化甘油是炸藥的主要原料，當患有嚴重心絞痛的諾貝爾求醫時，對醫生開給他的含硝化甘油的藥物極其排斥，因為他發現吸入硝化甘油蒸氣會引發劇烈的血管性頭痛。

不過，科學家經過研究發現，硝化甘油確實有擴張血管的作用，這種黃色油狀的透明液體能使人保持呼吸順暢，並有效治療心肌梗塞等疾病。

第二章

各顯神通的化學元素

22 最後一個被發現的金屬元素

錸

根據化學家們的實驗成果，由門捷列夫創立的元素週期表上如今已有一百一十二種元素，其中金屬元素有九十種，但在這些金屬元素中，你知道有哪種元素是最後一個被發現的嗎？

答案揭曉，就是錸！

錸在自然界中的存量非常稀少，它的總量僅比鏷和鐳這些元素的存量大一點點，堪稱地球上最稀有的金屬之一。

一八六九年的冬天，門捷列夫發現了元素週期表的規律，但在錸這個位置上，他尚未發現一個新的元素，只知道該元素與錳的性質有點像，就將其取名為「類錳」。

於是，科學家們為了尋找到「類錳」，展開了不懈的研究。

早逝的英格蘭化學家亨利．莫斯萊非常精通於計算原子序列，他比較了錳和類錳的原子量後，得出一個重要結論：類錳的原子序列是七十五，而錳只有四十三。

這一發現讓化學家們欣喜萬分，他們知道如果找到了原子序列是七十五的金屬，就意謂著發現了類錳！

根據以往的經驗，未知元素常常能夠在與其性質相似的元素的礦物中獲得，所以錳礦、鉑礦和鈮鐵礦一直被認為藏有類錳。

可是科學家們費了九牛二虎之力，卻始終未能如願。

一九二五年，又是一個看起來平常的一天，三位德國化學家——諾達克、塔克夫婦早早地來到實驗室，繼續進行對類錳的研究。

桌上放著一塊昨天剛拿到手的鉑礦石，之前他們已經勘探過其他的岩石，卻一無所獲，眼下只能再碰碰運氣，看這塊鉑礦中能否發現新物質。

他們採取了X光線來做勘探。

當時X光線剛問世三十年，可以說是一項嶄新的發明，化學家們嘗試著用它來發現新物質，也算是一個創新。

第二天，X光線的光譜圖有了結果，諾達克看著圖片，眉頭漸漸地擰緊了。

「這條線是什麼？從未見過！」他的心中充滿疑惑。

於是，他拿著光譜圖去找塔克夫婦，結果後者也說沒見過這種元素。

諾達克忽然瞪大眼睛，驚喜地說：「會不會就是類錳？」

塔克夫婦也充滿喜悅，點頭道：「我們快去查一查，也許真的是呢！」

結果，在當年的紐倫堡德國化學家聯合會上，諾達克和塔克夫婦聯手宣稱，他們發現了一種性質和錳相似的新元素。為了紀念德國的母親河——萊茵河，他們將新元素命名為錸，這是人類發現的最晚的一個天然元素。

錸非常稀少，在被發現的第五年，它在全球的存量也僅有三克，時至今日，它在世界上的總產量也僅有十噸。那麼，它究竟是擁有怎樣性質的元素呢？

密度：21.04g/m3。

熔點：3180°C。

沸點：5627°C。

顏色：銀白。

質地：柔軟。

化學反應：溶於稀硝酸、過氧化氫溶液，高溫下與硫的蒸氣化合形成硫化錸；可吸收氫氣；能被氧化成性質穩定的七氧化二錸。

作用：錸合金耐高溫抗腐蝕，被用來製作電子管元件材料、火箭導彈高溫塗層、太空船儀器、原子反應堆防護板。若將錸塗在普通鎢絲表面上，能使燈泡的使用壽命延長十倍。

【化學百科講座】

不是土的「土」——稀土元素

雖被稱為土，但稀土元素並非土，而是因為十八世紀末期被發現時，人們發現這些元素的氧化物不溶於水，就將氧化物籠統地叫做「土」。

稀土元素是指元素週期表上的鑭系元素及鈧和釔，共十七種元素，其特點是活潑、熔點低、具有可塑性，絕大多數呈現鐵磁性，能夠在電子、石油化工、冶金、機械、能源等方面發揮相當大的作用。

23 愛迪生艱難尋覓的寶貝

鎢

中國有句古話，叫「踏破鐵鞋無覓處」，還有一句古話，叫「柳暗花明又一村」，那麼，終於發現了尋找之物後又是什麼心情呢？

那便是——眾裡尋他千百度，驀然回首，那人卻在燈火闌珊處。

對大發明家愛迪生來說，鎢這種元素正是他尋覓千百度的珍貴之物。

電燈是愛迪生一生發明的最高巔峰，而鎢則幫助他成就了這一偉業。

但換句話來說，正因為愛迪生，鎢才成為被大眾所熟知的金屬元素。

很難說，究竟是誰成就了誰。

在人們不曾擁有電燈之前，大家用的還是老式的煤油燈和煤氣燈。這種燈需要經常添加煤油或煤氣，點燃之後總是發出一股一股的黑煙，薰得人蓬頭垢面，而且不安全，容易引發火災。

基於此，科學家們便想找到一種既安全又方便的燈，來代替老式燈的作用。

美國的發明家愛迪生，就在時代最需要他的時候來臨了。

愛迪生從小就喜歡做實驗，他在十六歲那年翻閱了很多介紹電力照明的書籍，從此對電產生了很大興趣。

他想，我為什麼不造一盞電燈呢？這樣大家不就省得天天給煤油燈灌煤油了嗎？

說到做到，愛迪生立刻著手製造燈泡，並且發現在真空狀態下燈泡的發光時間會變長。當一切難題都解決之後，燈絲的材質卻成為他心頭縈繞不去的一塊心病。

因為電燈需要長時間發光發熱，所以燈絲必定得選擇耐高溫高熱的材料，有些材料不耐熱，有些材料雖然耐熱，導電性能卻不強，這讓他愁破了頭。

愛迪生喜歡列舉，就將自己所能想到做燈絲的金屬全部羅列在紙上。這一寫可不得了，竟然有一千六百多種！

愛迪生只好讓自己的學生把這些金屬輪番做實驗，結果發現只有白金最合適，且能讓燈泡發光兩小時。可是誰願意花大錢去買一塊白金做燈絲的燈泡呢？

這時，愛迪生做了一個大膽的決定：用炭條代替白金，看能否延長燈泡壽命。結果他成功了，燈泡的使用壽命一下子飛躍到了四十五小時。

可是愛迪生還是不滿意，他覺得遠遠不夠，一個晚上有七、八個小時，炭絲燈泡只用七天就廢棄了，是多大的浪費啊！他繼續孜孜不倦地攻克著燈絲壽命的難題，一九〇六年，他終於想到了鎢，經過實驗發現，鎢絲燈泡能連續發光近四千小時，是當時使用壽命最長的燈泡。

一九〇七年，鎢絲燈泡正式投入使用，讓美國的萬千家庭獲得了光明。

為了紀念愛迪生，一九七九年，美國舉行了一整年的活動，耗資達數百萬美元，但相較愛迪生給人們提供的方便，這個數額或許並不值得一提。

鎢在自然界中的存量也較少，它在地殼中的含量為百分之〇·〇〇一，所以是一種稀有金屬。好在如今科技飛速發展，鎢的純度和產量也在不斷提升。

它的基本屬性如下：

愛迪生的主要發明誕生在新澤西州的門洛派克實驗室

顏色：鋼灰色或銀白色。

質地：堅硬。

熔點：>1650℃。

原子序數：74。

原子量：183.84。

鎢礦種類：二十種，中國一般為黑鎢礦和白鎢礦兩種。

化學性質：

1、常溫下化學性質穩定，強酸對其不起作用，但可迅速溶解於氫氟酸和濃硝酸的混合液中。

2、在溫度八十度至一百度的條件下，除氫氟酸外，其他強酸會對鎢發生微弱作用。

3、在空氣中，熔融鹼可以把鎢氧化成鎢酸鹽。

4、高溫下鎢比較活躍，能與氯、溴、碘、碳、硫等化合。

【化學百科講座】

鎢的發展史

如今的鎢元素已經被冶金行業所大量使用，主要用於製造燈絲和高速切削合金鋼、超硬模具、光化學儀器。

鎢是一種重要的戰略金屬，鎢礦被稱為「重石」。

一七八一年，瑞典化學家舍勒首次發現鎢元素。

一九〇〇年，巴黎世博會首次展出以鎢合金為原料的高速鋼。

一九〇七年，鎢絲燈泡問世。

一九二七年，碳化鎢基燒結硬質合金，鎢冶金工業開始發展。

24 世界第一個飛人之死

易燃的氫

中國有句古話：「初生牛犢不怕虎」，為什麼不怕虎呢？因為無知。

所以結局可想而知，無知者無畏，但那牛犢在老虎面前還能活得了嗎？

當然活不成了！

由此可知，知識對人來說，是多麼的重要。

在人類歷史上，缺乏知識，可能就是要命的事情！

在十八世紀末期，真有一個勇敢者因為不懂化學知識而送命的。

他叫羅齊埃，對飛行十分著迷，做夢都想像鳥一樣地飛到天上去。

當時飛機還沒有被造出來，人們只造出了熱氣球，不過大家不敢貿然就往天上飛，而是先將雞、鴨、鵝等家禽送上了高空，來觀察用熱氣球飛行是否可靠。

西元一七八六年的熱氣球

那些家禽均安然無恙，可是儘管如此，還是沒有人敢冒著會被摔死的風險坐熱氣球。

但是，人們確實很想知道熱氣球是否能載人飛行。

於是，法國國王就想出一個辦法：不如讓死刑犯去坐熱氣球，反正那些囚犯也沒得選。

於是，國王將這個消息廣而告之，羅齊埃知道後心想，為什麼要把這個榮譽給囚犯！這可是人類歷史上的第一次高空飛行啊！

從羅齊埃的想法中就能看出來，這個青年的思維可真與常人不一樣，他為了理想完全將生死置之度外了。

於是他毛遂自薦，找了一個志同道合的青年，請求國王讓他們一同乘坐熱氣球。

國王非常感動，批准了兩人的請求。

一七八三年十一月二十一日，人類展開了第一次飛行，當天羅齊埃二人共飛了二十三分鐘，行程約八・八五公里。當兩人安全著陸後，人們一哄而上，將這兩位大英雄團團圍住。

羅齊埃成了明星，卻並沒有驕傲自滿，因為他有個更加宏偉的心願：飛躍英吉利海峽。

第二年，氫氣球被發明了出來，這下羅齊埃拿不定主意了。

具有冒險精神的他想嘗試氫氣球・但又不知道氫氣球能否維持與熱氣球一樣的飛行時長。

最後，他做出一個自以為兩全其美的決定：兩個氣球都乘！

於是，羅齊埃與上回一起飛行的同伴將兩個氣球組合，然後升空了。當時他們望著英吉利海峽，滿心憧憬著未來的成功，誰知道，悲劇在一瞬間發生了！

氣球在高空發生了大爆炸，兩個青年不幸殞命。

為什麼會這樣呢？

因為羅齊埃不瞭解氫的屬性。

原來，氫氣和氧氣混合，加熱後就會發生爆炸，熱氣球上的火焰點燃了氫氣球裡的氫氣，怎能不導致悲慘的一幕發生呢？

在地殼中，按重量計，氫只佔總重量的百分之一，不過其在自然界中的分布很廣：在水中，氫佔百分之十一；在泥土中，氫佔百分之一・五。

此外，按原子百分比算，氫是宇宙中含量最多的元素，氫原子的數目是其他所有元素原子總數的一百倍。在太陽大氣中，氫的原子百分比佔到了百分之八十一・七五。

外觀：無色無味。

重量：自然界最輕的氣體。

熔點：-259℃。

沸點：-253℃。

性質：極其易燃，需要遠離火源。

化學作用：合成氨和甲醇、提煉石油、冶煉金屬、製造熱氣球、治療疾病、成為清潔能量來源。

【化學百科講座】

氫是如何被發現的？

十六世紀，一位瑞士醫生發現了氫，但他並沒有研究下去。十八世紀，英國化學家卡文迪什有一次在做實驗時，失手將一個鐵片掉進了鹽酸中，他立刻發現鹽酸溶液中不斷冒出氣泡，產生這些氣泡的氣體就是氫氣。由於氫的沸點遠遠低於常溫，所以純淨的氫一般以氣體的形式存在。

25 拿破崙三世喜愛的銀色金子

鋁

物以稀為貴，這話一點都沒錯。

君不見陽光雨露遍地都是，有誰會想到要珍惜？只有佛祖才會苦口婆心勸世人要感恩大自然。

一百多年前，法國國王拿破崙三世的態度就說明了這個問題。

當時，歐洲最珍貴的金屬不是黃金、白銀，也不是鉑金，而是一種如今在我們生活中隨處可見的金屬——鋁。

拿破崙三世

可能大家要發笑了：鋁算什麼？我們的硬幣、鑰匙、鈕釦、門窗，哪個不是鋁做的？我們出行的時候，交通工具上的鋁隨處可見，而我們的糖果包裝紙、牙膏皮，也幾乎都是鋁呀！

是的，在一百年後，鋁已經多得成為最不值得一提的金屬，但在拿破崙三世那個時期，因為生產技術不夠，導致鋁的產量比黃金還稀少，當然就比黃金還貴了。

當時鋁被稱為「銀色的金子」，其貴重程度可見一斑，偏偏拿破崙三世是個愛慕虛榮的皇帝，他為了炫耀自己的富有，恨不得將所有的金屬都換成鋁。

他有一套珍藏在櫃子裡的鋁製餐具，但凡舉行宴會，就拿出來捧到所有賓客面前炫耀一番，當看到大家都瞪大眼睛表示驚奇時，他的虛榮心得到了極大的滿足。

不過這還不夠，皇帝還想獲得更多的讚美。

一天，他找到自己的內侍大臣，命令道：「你去給我找一頂比黃金還貴的帽子來！」

大臣是個榆木腦袋，不明白貴族圈子裡流行什麼，這一下可愁壞了，他天真地認為，這世上的錢幣都用金銀打造，還有什麼會比黃金更貴的呢？

可是既然皇帝如此要求，肯定有他的打算，好在這個大臣雖笨，但還算懂得變通。

他偷偷賄賂了皇帝的心腹，這才得知，原來拿破崙三世要的是一頂鋁製的帽子。

這個故事儘管在現代看來荒誕不經，卻是不爭的事實。

當年化學家門捷列夫因為發現了元素週期律而受到英國皇家學會的獎賞，獎品也是一個如今看來非常普通的鋁杯。但門捷列夫還是欣喜地接受了，說明十九世紀的時候，鋁真的是一種非常貴重的金屬。

鋁之所以在以前珍貴，是因為人們掌握的化學技術不夠，提煉不出大量的純鋁。

十九世紀二〇年代的維勒是第一個發現鋁的德國化學家，但他使用的方法非常複雜，且製得的鋁非常少，所以無法讓鋁普遍為人們所用。

三十年過去了，法國化學家德維爾用金屬鈉還原氯化鋁，獲得了成功，但鈉的價格同樣很高，使得鋁被生產出來後比黃金還要貴上幾倍，所以拿破崙三世才會那麼喜愛鋁。

其實，鋁元素是地殼中含量最高的金屬元素，佔地殼總重量的百分之八．三，比鐵元素還要多一倍，僅次於非金屬元素氧和矽。

其屬性如下：

顏色：銀白色。

相對密度：2.70。

熔點：660° C。

沸點：2327° C。

物理屬性：有延展性。

化學屬性：在潮濕環境中能在表面生成抗腐蝕的氧化膜，易溶於各種酸性溶液，難溶於水。

作用：常被製成鋁合金，普遍用於交通、建築行業。

【化學百科講座】

電解法——鋁的大規模應用

維勒雖然是首個發現鋁的科學家，可是一直等到他學生的學生——美國的豪爾出手，鋁的大規模生產才得以成功。豪爾在一八八六年用電解法（用電流通過物體，使物體發生化學變化，從而產生新的物質。）獲得了第一個鈕釦大小的鋁球，他喜不自勝，捧著鋁球一路小跑著向老師報喜，從此鋁就成了非常廉價的物品。

26 日本福島核洩漏的致命逃逸

銫 137

在講銫 137 的故事之前，先瞭解一下一個科學概念：同位素。

同一元素的兩個原子，質子數相同，中子數不同，有著相同的原子序，這兩個原子分別組成的元素便是同位素。

其中，有放射性的同位素是對人體有害的，如銫 137；沒有放射性且半衰期大於一〇五〇的同位素，則對人體無害，如天然存在的銫 133。

不過，無論是銫 137 還是銫 133，都是銫元素，只不過銫 137 對人體危害極大，所以常令人談「銫」色變。

銫究竟有多恐怖呢？

一九八五年，巴西的戈亞納發生一起嚴重的銫 137 洩漏事件，產生了如下一列驚人的資料：

四週內四人死亡。

十四人受到過度照射。

十一萬兩千人要接受監測。

兩百四十九人受汙染。

八十五間房屋被汙染。

數百人被疏散。

5000m3 放射性廢物誕生。

然而，儘管能導致人死亡，銫 137 卻依然在人類社會中發揮著巨大的作用，因為它是核電站發電的重要原料之一。

二〇一一年三月十一日，日本發生了罕見的九級大地震，造成極大的損失，而在地震過後，更大的災難讓人們驚慌不已，那就是福島核電站的核反應爐爆炸事件。

據記者後來採訪的資訊稱，福島核電站早就存在銫137洩漏的隱患，只不過地震成了催化劑，使得原本就不堪負荷的反應堆徹底損毀，進而威脅到全人類的健康。

當銫137發生洩漏後，一支由五十人組成的志願隊伍自動留在核電站，希望降低輻射對人們造成的傷害。

很快，隊伍中有五位員工不幸殉職，另有二十名員工受到輻射傷害，但即便如此，這支敢死隊依舊堅守在原地，不屈不撓地與放射性元素展開了殊死搏鬥。

無數人被這支隊伍所感動，他們飽含熱淚稱那些志願者為「福島五十壯士」，並在心中默默為倖存者祈福。

很快，更多的志願者加入到堅守核電站的行列中，他們置生死於不顧，為的就是不讓放射性元素繼續外洩，避免更大的災難發生。

如今，日本福島核洩漏事件已經過了三年了，但留給人們的陰影仍在：海洋受到汙染，很多人不敢再貪享海鮮的美味；大量居民受到輻射汙染，今後幾十年，他們將不斷忍受後遺症的痛苦，且無法根除。

銫是一種比較稀少的金屬元素，在自然界中沒有單質形式，主要存在於銫榴石中，銫137是銫的放射性同位素，能致人造血系統和神經損傷，甚至導致人死亡，另外，銫137還會聚集到人體肌肉內，導致患者增加致癌的風險。

銫的屬性如下：

顏色：金黃色。

熔點：28.40°C。

沸點：678.4° C。

密度：1.8757g/cm^3。

硬度：非常柔軟，具延展性。

化學性質：在潮濕的環境中非常容易自燃，是危險的化學品。

作用：製造真空件器、光電管，放射性同位素銫 137 可用作核反應爐原料。

【化學百科講座】

銫——美麗的天藍

銫，在拉丁文中意思為「天藍」，如此美麗的名字來自於兩位德國化學家——本生和基爾霍夫。一八六一年，兩人在一瓶礦泉水中發現了藍色的光譜，從而得出了一種全新的元素，他們根據光譜的顏色將元素命名為銫。當年，兩位科學家生提取了七克氯化銫，但直到二十年後，才由德國化學家賽特貝格提煉出了純金屬銫。

27 差一步就可改變化學史

舍勒與氧

之前我們提到過燃素論，這是一種興起於古代歐洲的樸素化學理論，在拉瓦錫發現氧氣並將其命名後被推翻，不過，第一位氧氣發現者並非拉瓦錫，而是瑞典化學家舍勒。

根據史料記載，舍勒發現氧氣的時間是一七七三年以前，比英國化學家普利斯特列發現氧氣還要早一年，而他之所以會萌發研究氧氣的念頭，來自於他給藥房打工的那段經歷。

因為家裡窮，舍勒從小就開始吃苦，十四歲那年，他去一家藥房當學徒，每天起早貪黑地工作，只是為了賺一份維持家用的生計。

由於經常要忙碌到很晚，所以天快黑時舍勒總會點燃蠟燭，將藥店照得一片光明。

剛開始，他在打烊時總是用嘴吹滅蠟燭，藥店裡的其他夥計看到後，總會嚴厲制止他，然後用一個玻璃罩將蠟燭罩住。

舍勒驚訝地發現，在玻璃罩裡的燭光越來越微弱，最後化為一縷青煙，不再閃亮。

為什麼蠟燭在空氣中能持續燃燒，罩上玻璃罩之後就不行了呢？難道說，蠟燭的燃燒需要空氣？

隨著舍勒在藥房打工的時間增長，他逐漸成為了一名藥劑師，這樣他便能做各種實驗了，於是他決心解開蠟燭燃燒之謎。

有一次，他在空燒瓶中放入了一塊燃燒的白磷，接著塞上瓶塞，等待白磷燃燒殆盡，然後立即將瓶子扣進水裡。

奇怪的事情發生了：水到達瓶內的五分之一處便不再增加，就算這個實驗做多少次，結果都一樣。

舍勒又做了另一個實驗，他把稀硫酸溶液淋到鐵屑上，放進一個玻璃瓶裡，然後將瓶口封閉，只留一根軟管將瓶內生成的氣體導出並點燃。

他同樣將這個玻璃瓶倒扣在水裡，最終得到了與上一個實驗同樣的結果：當導出的氣體燃燒完之後，進入瓶內的水也只佔了玻璃瓶體積的五分之一。

舍勒大惑不解，開始反覆思索兩次實驗中燒掉的氣體。

最終他得出一個結論：肯定是那氣體被燒掉了，所以瓶內的空氣才會變少了。

「這簡直就是活空氣呀！」舍勒興奮地說。

舍勒將氧氣命名為「火焰空氣」，可惜他仍舊受著燃素論的影響，以為氧氣就是火元素，致使自己的化學成果有了一個錯誤的結論。但他依然受到人們的尊敬，被譽為偉大的化學家。

斯德哥爾摩的舍勒塑像，記錄他在進行物質在氧氣中燃燒的實驗。

提到氧，應該是無人不知，無人不曉，它是地球上分布最廣泛、含量最高的元素，也是組成地球上一切物質最重要的元素。它在地殼中含量最高，為百分之四十八・六，在大氣中純氧則佔到百分之二十三。

其性質如下：

外觀：無色無味。

密度：1.429 克 / 升。

重量：比空氣重。

物理性質：壓強為 101kPa，溫度在零下 183℃時氧氣變為淡藍色液體，零下 218℃時變成雪花狀的淡藍色固體。

存在形式：純淨物（單質）有氧氣和臭氧；化合物有氧化物和一切含有氧元素的化合物；特殊形式則有四聚氧和紅氧。

作用：為人類提供呼吸，組成地球物質，但過量的氧氣會使人發生氧中毒。

【化學百科講座】

舍勒——自學成才的明星

舍勒沒有上過大學，他的一切化學理論全部來自於他的實驗。他的貢獻很多，足以證明他的貢獻：

1、發現氧、氯和錳，此外，他發現了氮、氫、氯化氫和氨，只是在發表論點時比別人晚了一步。

2、發現了氰化氫、氟化氫、砷化氫、硫化氫、亞硝酸、砷酸、鉬酸、鎢酸等化合物，草酸、酒石酸、蘋果酸、檸檬酸、乳酸和尿酸等有機酸，還發現了乳糖和乙醛，實驗量之大令人驚嘆。

3、改進了實驗方法和工具，為後人提供了很多借鑑之處。

28 生男不生女的元凶

鈹與「女兒國」

在中國四大名著《西遊記》中，唐僧與女兒國國王的一段情緣最為人們所津津樂道，但相信大家同時也會有個疑問：為什麼那個國家裡全是女人？

到了現代，在中國南方的某個村寨裡，居然也發生了類似女兒國的事情。

曾經，在廣東省的某個山區，住著幾十戶人家，當時還沒有進城務工一說，村裡的年輕人都留在本地耕作收穫，日復一日過著平淡簡單的生活。

有一天，村裡忽然來了一群穿工作服的外鄉人，有好事的村民一打聽，才知道是省城來的地質勘查隊員。

那些隊員自帶帳篷，從不住在村民家裡，讓當地的居民十分驚奇。

人們偶爾聽到他們的談話，說什麼附近的大山裡有「寶藏」，頓時又驚又喜，連忙去問村裡最年長最有學問的老人阿順。

「當然有寶藏！」阿順老人激動地說，「我們的山叫後龍山，山上有龍脈，據說古時候有一位帝王就埋在此地，還有不少的陪葬品，都是稀世珍寶啊！」

聽的人眼睛亮了，心中不由得打起了鬼主意：「那要是我們去尋寶的話，不就發財了！」

「混帳！」老人氣得白鬍子一翹一翹的，呵斥道，「那些都是受到巫師詛咒的寶物，不能隨意觸碰，否則會帶來不幸的！」

聽完老人的話，村民們開始擔心那些外來的勘探隊員會找到寶物，然後引發什麼災難，於是就悄悄尾隨地質隊進山勘察。

地質隊一共在山裡待了兩個月，每天盡是刨土採石頭，並沒有發現老人口中所說的珍寶，當他們離開後，偷偷觀察他們的年輕人回來大聲向村民們彙報情況：「他們每個人都背著一個包，包裡只是石頭和錘子，別的什麼也沒有！」

這下大家都放心了，從此繼續安居樂業，日出而作，日落而息。

然而，所有人都沒想到，他們的平靜生活早就一去不復返了。

一年後，村裡的幾個孕婦生下了孩子，結果全是女孩。

村民們迷信重男輕女，光生女孩怎麼行呢？於是村裡的女人們再度懷孕，滿懷希望想生一個男孩。

可是奇怪的是，無論是新婚的還是結婚好幾年的，女人們生的無一例外都是女孩，連半個男丁都沒有。

時光荏苒，眼看著再這樣下去，村裡都是女人，到時村落該滅絕了。

村民們非常著急，整天求神拜佛，懇請菩薩賜他們一個男丁，但菩薩似乎將他們遺忘了，仍然有女嬰被不斷地生出來。

人們只好再去問阿順老人，老人氣憤地用枴杖敲著地面，罵道：「一定是那些外鄉人破壞了龍脈，神才會這樣懲罰我們！」

村民們嚇得神色大變，他們火冒三丈，派了幾個精壯的男人出山尋找當年的地質隊，希望能知道出了什麼事。

出去尋人的村民運氣很好，竟然將地質隊找到了。

當地質隊員聽說「龍脈」被破壞一事後，有些哭笑不得，同時他們也起了好奇心，想看看到底是什麼原因導致了村民生女不生男。

經過一段時間的勘測，隊員們發現，原來根本不是龍脈被毀壞，而是山上的泉水含有微量的鈹元素，當年他們的鑽機在勘探的時候將山泉引了出來，導致村民們的飲用水中也含有大量的鈹，這才引發了只生女孩的局面。

村民們得知真相後，堵住了山泉水，鑿井改喝地下水，終於使情況發生了好轉，幾年後，村裡的第一批男嬰終於出生了。

當人體含鈹量高時，精子成熟活動率受到損害，含X染色體的精子的抵抗力強，生存率高，與卵子結合的機會多，就容易生女孩，這是出現女兒國的主要原因。

鈹是一種含有劇毒的元素，實際上，它的化合物也有毒，所以不能隨意接觸。

鈹的屬性如下：

顏色：灰白色。

硬度：比鈣、鋇高，不可用刀切割。

危害：人體攝入後會中毒或致癌，對眼睛、呼吸道和皮膚有刺激。

化學性質：具有抗氧化性和抗腐蝕性；不溶於冷水，微溶於熱水，可溶於酸，也可溶於鹼，且能放出氫氣。

作用：

1、鈹最易被X光線穿透，所以有「金屬玻璃」的美稱，被用於製造X光線管小視窗；

2、鈹可促使原子反應堆裡的裂變反應持續下去，被用於原子能工業。

3、鈹比鋁和鈦輕，強度卻是鋼的四倍，且吸熱能力強，適合做宇航材料。

4、鈹與銅的化合物耐腐蝕，且導電性好，被用於製造手錶、海底電纜、採礦業專用開鑿工具。

【化學百科講座】

鈹的發現史

鈹是十八世紀末期被法國化學家沃克蘭在綠柱石和祖母綠中發現的，三十年後，德國的維勒獲得了單質鈹。

在沃克蘭之前，也有化學家對綠柱石進行過分析，但都未發現新元素，沃克蘭卻研究出鈹的存在，他甚至嚐到了鈹的味道。

鈹在希臘文中是「甜」的意思，因為鈹的鹽類有甜味，這成為沃克蘭命名鈹的緣由。

29 南極科考隊的危機

不堪嚴寒的錫

對冒險者和科學家來說，南極是地球上的最後一塊淨土，是令人嚮往的純白之地，儘管有著種種危險，他們從未放棄征服這片大地。

一九一二年一月，英國探險家斯科特帶領著他的隊員向南極大陸進發，不幸的是，這支隊伍最終只有六人生還，隊長斯科特和其他隊員全部葬身在寒風和白雪中。

為何會發生如此慘烈的事情呢？這和探險隊極度缺乏知識有關。

在斯科特隊向南極發起最初的挑戰時，就發生了意外，而此事幾乎可以預言探險隊將以失敗告終。

斯科特隊是乘坐一艘名為「新大陸」號的考察船靠近南極大陸的。誰知，船剛靠岸就沒油了，隊員們想要加油，卻驚訝地發現汽油桶裡的油都漏光了。

斯科特塑像

斯科特隊長仔細看了一下汽油桶，發現油桶的蓋子都好好的，但桶底的焊接處卻出現了裂縫，很明顯，汽油就是從縫隙裡漏掉的。

可是在運送這些油桶登船時，他明明是親自檢查過，確認無誤才開船的呀！

斯科特認為是有隊員在暗中破壞，便將大家找來質問。

沒有人承認自己對汽油桶動過手腳，一些直脾氣的人還表示了憤慨：「我們動油桶做什麼？難道我們會自尋死路嗎？」

斯科特也覺得自己的懷疑有些滑稽，就中斷了調查。

由於無法開船，探險隊不得不另換了一艘名為「特拉諾瓦」號的考察船靠近南極。

後來，探險隊在向南極點挺進的時候，由於缺乏極地經驗，沒有使用極地犬，再加上天氣異常惡劣，斯科特隊長和其餘三位冒險家不幸罹難，而剩下的六人則艱難地撐過了最困難的時光，撿回了一條命。

為何汽油桶會洩露呢？

後來經科學家考察發現，「新大陸」號上的汽油桶是由錫焊接的，錫這種元素不耐嚴寒，在極低的環境中會變成粉末，導致漏油現象的發生。

俗話說：知識改變命運，這句話一點沒錯，可惜的是，因為缺乏知識而送了命，是最大的不幸。

錫會在低溫環境中變成灰色粉末，以前的人們認為這是因為錫有了疾病，所以將這種現象稱為「錫疫」，其實觀察一下錫的屬性，就不難解釋「錫疫」的產生：

顏色：略帶藍色的白色。

熔點：231.89°C。

沸點：2260°C。

物理屬性：有延展性，常被製成錫箔；在 -13.2°C 的環境下，變成煤灰般的粉末；若在 -33°C 或有紅鹽的酒精溶液存在的環境下，變成粉末的速度會加快；在 161°C 以上的環境下，錫會變脆，叫做「脆錫」。

名號：五金之一，五金即為金、銀、銅、鐵、錫。

作用：

1、與銅按三比七的比例製成青銅，在幾千年前就被人們廣泛使用，推動了人類社會的進步。

2、與硫的化合成為硫化錫，可做為金色顏料。

3、與氧化合成二氧化錫，能淨化汽車廢氣。

4、常被用於製作生活用品，錫瓶插花不易枯萎。

5、錫有殺菌、淨化的作用。

6、是人體微量元素之一，有藥用價值。

【化學百科講座】

錫——潛藏的殺手

雖然錫有很多作用，但其化合物是砷，即砒霜的主要成分。

中國錫礦豐富，雲南箇舊市更是世界知名的「錫都」，可惜對於錫礦的利用率並不高，百分之七十以上的錫的伴生礦——砷都在開採後被丟棄。時至今日，已有數百萬噸的砷被丟棄在野外，或將導致汙染地下水的情況發生，該情況必須得到人們的重視，否則這一隱性殺手遲早將危害人類健康。

30 化學元素中的「貴族」

惰性氣體

說到貴族，大家難免想起某些詞語：慵懶、華貴、冷靜，似乎生性淡漠才配得上貴族的氣質。

確實如此，就連化學元素中的「貴族」，也擁有著冷漠的性質，不輕易與其他化學元素發生反應呢！

在十八世紀末期，英國大化學家卡文迪什在過濾空氣時發現，即便他將氧氣、氮氣、二氧化碳等已知氣體排除後，仍有一些不知名的氣體殘存。

由於這些氣體的量實在太少了，未能引起卡文迪什的注意，他從沒有想到，這些氣體竟然是後來的化學元素週期表中的一個元素家族。

時光荏苒，一百多年後，英國物理學家瑞利也開始拿氣體做實驗了。

有一次，他在製備氮氣的時候發現：從空氣中製得的氮氣，總要比從化合物中提煉出來的氮氣重那麼一點點。

這一點點其實很少，只有〇．〇〇六四克，很容易被忽略不計。

然而瑞利和卡文迪什不一樣，他是個比較愛鑽牛角尖的人，為了能弄明白這些多餘的氣體是什麼，他足足花了兩年的時間來做研究。

這種人如果到當代，很可能被當成是偏執狂，或者是有頑固性精神潔癖的處女座，但是，瑞利是個如假包換的天蠍座。

瑞利分析了卡文迪什的化學實驗，覺得後者發現的剩餘氣體就是自己所研製出來的〇．〇〇六四克氣體。

他與自己的朋友、化學家拉姆塞合作，一起對這些體積佔空氣總量不到百分之一的氣體進行實驗，發現就算與性質極其活躍的氯和磷混合在一起，那些氣體也懶洋洋的，絲毫不見有任何反應。

太奇怪了！

瑞利繼續研究，終於發現了一種從未見過的氣體，他將其命名為氬，就是希臘語中的「懶惰」之意。

這一發現震驚了化學界，大家紛紛猜測：元素週期表中肯定有與氬同族的其他氣體。

果不其然，三年之後，化學家們陸續發現了氦、氖、氪、氙，又過了兩年，最後一個惰性氣體氡也被發現了。

至此，元素週期表的零族元素終於補齊，一個「與世無爭」的元素家庭徹底現身了。

為何惰性氣體不愛與其他元素發生化學反應呢？原來，這是由其原子的結構所決定的。

惰性氣體原子的外層電子非常穩定，不會被輕易奪走，也不會想把別的電子搶過來，所以才會如此「懶惰」。

其屬性如下：

外形：常溫常壓下是無色無味的氣體。

種類：氦、氖、氪、氙、氬、氡六種天然存在的氣體與人工合成的Uuo。

別名：貴氣體、高貴氣體、貴族氣體。

作用：

1、可做為製造業中的保護氣，如可延緩原子能反應堆的氧化、延長燈泡使用壽命。

2、充入霓虹燈中，可發出五顏六色的光。

3、可製成混合氣體雷射器。

4、代替氫氣製成飛艇，且不會發生爆炸和火災。

5、氦氣代替氮氣製造空氣，供潛水員呼吸。

6、可做為人造地球衛星發出的電離信號，與地球進行聯繫。

7、用於醫療方面，如製作麻醉劑、溶脂劑，或應用於放射治療等。

【化學百科講座】

道是無情卻有情——或被改名的惰性氣體

惰性氣體真的對其他元素無動於衷嗎？

一九六二年，加拿大化學家合成出了氙的化合物，且此種化合物具有很強的氧化性。頓時，人們對惰性氣體的印象大為改觀。

如今，惰性氣體的用途越來越廣泛，人們覺得再稱呼其「懶惰」似乎不太可靠，有學者乾脆提議，不如稱其為「稀有氣體」或「貴重氣體」更合理。

31 用雙手掰開原子彈

斯羅達博士和鈾

看如今的新聞，美國政府不時要對中東地區發動制裁，理由是怕某些國家私藏原子彈等核武器。

能讓美國談虎色變，一提到原子彈就如臨大敵，可見原子彈的威力確實不能小覷。

可是大家是否知道，在化學史上，竟然有一位科學家硬生生地用手掰開了原子彈，從而避免了一次重大災難。

聽起來似乎有點匪夷所思，但事實如此，這位科學家就是加拿大的斯羅達博士。

在戰火紛飛的第二次世界大戰期間，各國都在製造最先進的武器，當時大量的炸藥被生產出來，源源不斷地運送到前線，但是人們並不滿足，他們還想擁有比炸藥破壞力更加巨大的武器。

斯羅達博士所在的科學研究小組，就負責原子彈的研製工作。

有一天，他如往常一樣在實驗室中進行研究，在場還有很多同行，所有人都全神貫注地盯著製造原子彈的原料——濃縮鈾。

斯羅達博士和他的助手將兩塊濃縮鈾放在同一軌道上，開始分析鈾在臨界狀態下的性質。

什麼叫臨界狀態呢？

簡單來說，就是指核材料要發生爆炸的那個時刻的狀態。

不過在一般情況下，科學家們是不會讓核材料那麼輕易就發生爆炸的，他們將核材料，比如濃縮鈾分割成兩小塊，讓每一塊都達不到能引發爆炸的條件，這樣的話，核材料在運輸時會安全許多。

但是，核材料無論怎樣被保護，始終是危險品，稍有不慎就會惹來大麻煩，斯羅達博士就不幸撞上了這種事。

當他和助手在埋頭分析問題時，沒注意到撥動鈾塊的螺絲刀突然滑脫，致使兩塊鈾開始相向滑行，等斯羅達博士發現時，鈾塊快撞到一起了！

「糟糕！危險！」博士大叫一聲，他來不及多想，飛奔到鈾塊面前，用兩隻手強行將鈾塊分割開來。

幸虧博士及時出手，鈾塊才沒有被合在一起，當然也就不會因達到臨界狀態而發生爆炸，這樣，擁有很多精密儀器的實驗室保全了，科學家們也得以安然無恙。

可是斯羅達博士卻深深地受到鈾的放射性傷害，他用身體直接接觸了含有致命輻射的鈾塊，導致健康急遽惡化。就在他用雙手隔開鈾塊的第九天，就因重病離開了人間。

時至今日，人們仍舊十分尊敬這位捨生忘死的科學家，稱其為「用雙手掰開原子彈的人」，斯羅達的光輝事蹟也在一代一代地流傳，從未停歇。

鈾在地殼中的含量很高，但是因為其提取困難，所以被人們當成了一種稀有金屬。在錼和鈈被發現前，鈾曾被認為是自然界中最重的元素。

鈾在自然界的同位素有三個：鈾-238、鈾-235和微量的鈾-234，它的性質很活潑，所以總是以化合物的形式存在。

其屬性如下：

顏色：銀白色，有光澤。

熔點：1135° C。

沸點：3818° C。

密度：19.05g/cm^3。

種類：鈾-238、鈾-235、鈾-234三種天然存在元素和十二種人工合成同位素。

產地：美國、加拿大、南非、西南非洲、澳洲和中國；

化學性質：活躍，能和除了惰性氣體以外的所有非金屬元素發生化學反應；易氧化、自燃；溶於硫酸、硝酸和磷酸，無氧化劑存在時不能溶於鹼性溶液。

作用：其化合物在早期被用於給瓷器染色，後成為核燃料。

【化學百科講座】

鈾——以天王星為名

鈾是一七八九年由德國化學家克拉普羅特發現的，此時距八大行星之一的天王星被發現已過了八年，因天王星的英文名為Uranium，為表示紀念，克拉普羅特便將這種新元素命名為U，即鈾。

32 王水啃不動的硬骨頭

最重的金屬鋨

自然界中有那麼多的金屬，一定會有所區別，那麼，哪種金屬最輕，哪種金屬最重呢？

公布答案：最輕的金屬是鋰，最重的金屬則是鋨，而評判的標準便是密度。

別看鋨這麼重，它的一些屬性卻是相當奇怪的。

一八〇三年，法國化學家科勒德士戈蒂與同事將一塊鉑系礦石放入王水中，然後開始觀察礦石的變化。

所謂王水，就是濃鹽酸和濃硝酸的混合物，顏色為黃色，腐蝕性極強，甚至能將黃金溶解。

很快，科勒德士戈蒂看到礦石的表面泛起了氣泡，而王水中也沸騰起來，伴隨著「嘶嘶」的響聲，溶液上方升騰起了白煙。

看來王水的腐蝕性真的很強啊！做實驗的科學家們無不感慨。

許久以後，這塊礦石終於不復存在，但王水中卻存留了一些殘渣，而且任憑科勒德士戈蒂怎麼用玻璃棒在溶液中攪拌，殘渣就是不被溶解。

「奇怪，居然還有物質不能被王水所溶！」大家都驚訝地說。

於是，科勒德士戈蒂將殘渣取出，進行研究，結果發現了兩種未知的金屬，他們很快將這個消息公諸於世，但沒想過要為新金屬命名。

第二年，法國化學家泰納爾發現了其中一種金屬的氧化物，可是他在做實驗的時候十分不舒服，因為這種化合物太容易揮發了，而且散發出一種刺鼻的臭味。

泰納爾從實驗室裡出來後，就感覺自己的眼睛出了問題，他的同事見他時都大吃一驚：「你的眼睛怎麼紅紅的，像兔子一樣？」

泰納爾苦笑了一下，回答道：「剛才被蒸汽熏的，休息一下就好了。」沒想到，他居然休息了好幾個星期！

後來去醫院就診時，泰納爾才得知自己中了毒，甚至會有失明的危險！

泰納爾因此對這種新的元素有了深刻印象，他將其命名為鋨，在希臘語中就是「臭味」的意思。

後來，化學家們又陸續對鉑系礦石中的其他元素進行研究，又發現了銥、鈀、銠和釕這四種新金屬元素，然而，除了鉑和鈀，其餘四種金屬都不能被王水溶解，看來王水也有難啃的硬骨頭啊！

鋨是鉑系元素的一種，因此往往與鉑共同組成礦石。

它是自然界中已知的密度最大的金屬，但卻非常脆，不過如果與其他金屬做成合金，硬度又非常大，所以是一種非常矛盾的元素。

鋨的屬性如下：

顏色：灰藍色固體，但被搗成粉末後呈藍黑色。

熔點：3045°C。

沸點：5300°C 以上。

密度：22.59g/cm^3。

物理性質：非常脆，極易被搗成粉末。

化學性質：固體性質穩定，粉末容易氧化，蒸氣有劇毒，對人的視網膜有強烈的刺激性。

作用：

1、可做催化劑：合成氨或加氫反應時，加入鋨，無需多高的溫度就能獲得轉化率。

2、與鉑製成的合金可做手術刀。

3、與銥製成的合金非常堅固耐磨，可製作鋼筆筆尖、鐘錶儀器的軸承。

【化學百科講座】

相生相伴的「家人」——鉑系元素

鉑系元素基本是以單質存在的，也就是以純淨物的形式存在，而且這些元素還有個特點：幾乎都抱成團地在一起，而且會形成天然合金。如果鉑系元素存於鉑礦石中，那麼金屬鉑的存量自然是最多的，其他元素的含量則較少；但若鉑系元素存於銅礦、磁鐵礦中時，則它們的含量就更少了，需要經過精確的化學分析才能被提煉出來。

33 形影不離的兩兄弟

鈮和鉭

在化學元素中，除了有不可分離的「家人」外，還有一對行走江湖的好「兄弟」——鈮和鉭。

這兩種元素一直都是共同存在的，誰也離不開誰，而它們被發現的時間也很相近，帶有驚人的巧合性。

一八〇一年，英國化學家哈切特在考察大英博物館時，發現一塊署名為鈳鐵礦的礦石樣本中含有一種新金屬，他試圖提取這種金屬，可是沒有成功，無奈之下，他只好將其命名為「鈳」。

第二年，瑞典化學家埃克柏格在一塊鐵礦石中發現了新元素，但當他想提取這種元素時，卻始終差了那麼一點，而當他想要放棄時，似乎再進一步就能成功了。

「真是令人無奈的元素啊！」埃克柏格進退兩難。

好在，最終他還是成功了。

埃克柏格覺得自己提取新元素的過程有點像希臘神話中宙斯的兒子坦塔羅斯的故事。

坦塔羅斯因洩露天機被懲罰永世站在深及下巴的水中，當他想喝水時，水就自動退至他腰間；當他想抬頭吃頭上的果子時，果樹的枝條就升高，這樣坦塔羅斯永遠處於一種焦灼的渴望中。

於是，埃克柏格將新元素命名為「鉭」。

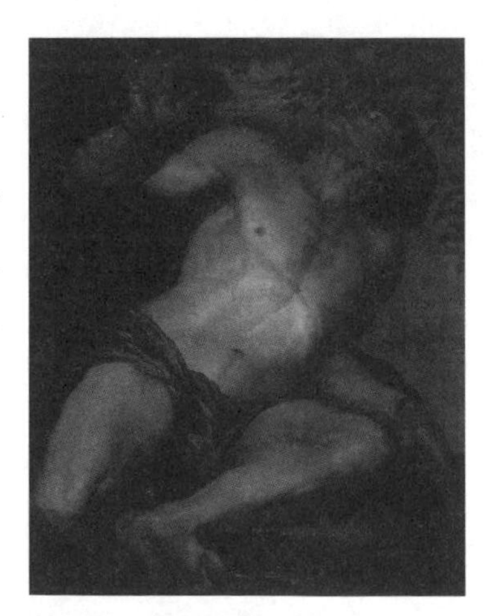

備受煎熬的坦塔羅斯

結果，鉭元素問世後，哈切特的鈳元素

受到極大挑戰，因為當時人們分不清鉭和鈳的性質，便認為二者根本就是同一種元素。

就這樣過了四十年，鈳一直被當成鉭而存在。

一八四四年，德國化學家海因希斯證明鉭和鈳是同時存在的，他還將鈳改名為「鈮」，然而，他同樣沒能將鈮提取出來。

轉眼又過了二十年，又有三位化學家證實鉭和鈳是兩種不同的元素，他們還列出了兩種元素化合物的化學公式。

不過真正揭開鈮神祕面紗的，還屬瑞士化學家德馬里尼亞，一八六四年，他用還原反應從氯化鈮中首次提取出了鈮金屬。兩年後，他又發表論文，稱鈮和鉭是相伴存在的，引起了化學界內的廣泛關注。

從此，鈮才真正有了「名分」，而它與好兄弟鉭困擾了化學家長達六十多年的「友情」，也終於得到了人們的理解。

二十世紀初，愛迪生用鈮做為燈絲材料，曾讓鈮出了短暫的風頭，不過後來鈮被鎢所取代，逐漸被人們淡忘。直到一九二〇年，人們發現鈮可以加固鋼材，鈮才得到了重視。

到底鈮和鉭有怎樣的屬性呢？

鈮

顏色：灰白色。

熔點：2468° C。

沸點：4742° C。

密度：$8.57g/cm^3$。

化學性質：常溫常壓下性質穩定，在氧氣中不能被完全氧化；高溫下與硫、氮、碳直接化合；可溶於氫氟酸。

作用：鈮是超導體元素，能被製成磁懸浮列車、發電量大增的直流發電機，且因良好的耐腐蝕性被製成各種耐酸設備和生理材料，如人造骨頭和肌肉。

鉭

顏色：藍灰色。

熔點：2996°C。

密度：10.9g/cm^3。

化學性質：在室溫低於150°C時是最穩定的金屬之一，但在200°C時開始氧化，在高於250°C時與鹵素反應生成鹵化物；能溶於濃鹼溶液。

作用：由於有很好的抗腐蝕性，被製成各種蒸發器皿、電子管，醫療上也可用於縫補破壞的組織。不過，與鈮天生抗腐蝕不同的是，鉭是因為表面生成了保護膜而具備抗腐蝕性的，它是一種活潑金屬。

【化學百科講座】

世界上著名的鈮礦場

鈮精礦往往藏於燒綠石礦藏中，而巴西和加拿大則擁有世界上最大的燒綠石礦。

NO. 1：巴西米納吉拉斯州：在該州一處碳酸鹽侵入岩地帶，有著世界上最大的鈮礦礦藏。

NO. 2：巴西戈阿斯州：在該州的碳酸鹽侵入岩中，也蘊藏了大量的鈮礦。

NO. 3：加拿大魁北克省：該省的薩格奈市擁有世界鈮礦總量的百分之七的礦藏。

34 指紋破解兒童遇害案
「名偵探」碘

一八九二年六月十九日的一個傍晚，當落日的餘暉完全從地平線上消失後，整個南美洲開始沉寂下來，彷彿一隻即將冬眠的熊。

這時，在阿根廷一個叫尼克奇亞的小鎮上，卻突然傳來一聲淒厲的慘叫聲。

鎮上所有的居民都為之一驚，不明白發生了什麼事。

哀嚎聲還未消散，就見一個滿身血汙的婦女跌跌撞撞地衝進了警察局，她瞪大了驚恐的眼睛，用顫抖的嗓音尖叫道：「我的孩子！我的孩子被殺了！」

員警們急忙站起來，詢問婦女詳情。

這名婦女名叫法蘭西斯卡，是一個單親母親，她有一個六歲的兒子和一個四歲的女兒，目前正在和同一個鎮子裡的男子維拉斯奎交往。

法蘭西斯卡放聲大哭：「一定是維拉斯奎殺死了我的孩子！幾天前他向我求婚，被我拒絕了，當時他就威脅我要殺死我的孩子。今天我快到家時還發現他從我家裡走了出來，他肯定是凶手！」

聽了法蘭西斯卡的話後，員警趕緊行動，將維拉斯奎捕獲，但後者拼命喊冤，聲稱自己沒有殺人，還聲稱法蘭西斯卡在說謊。

後來，維拉斯奎提交了自己的不在場證明，警方調查後發現維拉斯奎果真沒有作案嫌疑，頓時陷入了沉思。

奇怪，誰會喪心病狂到殺害兩個無辜的兒童呢？

為了搜集證據，警察局長阿爾法雷茲帶著警員來到凶案現場，他們仔仔細細地搜查房子裡的每個角落，希望能發現一星半點線索。

忽然之間，門楣上一個棕褐色的手指血印吸引了警長的眼光。

警長皺緊眉頭，眼睛一亮，命令道：「將這個門框卸下來搬走！」

回到警局後，警長取了維拉斯奎的指紋，然後比對門框上的血印，發現兩個指紋並不一樣，也就是說，維拉斯奎不是凶手。

為了擴大搜查範圍，警長又取了法蘭西斯卡的指紋，這一次，令所有人目瞪口呆：血指紋竟然與法蘭西斯卡的一模一樣！

在鐵證之下，法蘭西斯卡不得不道出殺害親骨肉的動機：原來，維拉斯奎不喜歡小孩，她為了跟男友結婚，才下了狠心，殺死了自己的兩個孩子。

這是世界上的第一起用指紋破案的案件，而功臣便是碘元素。

當警長要取指紋時，便將嫌疑犯的手指在一張白紙上摁一下，然後將手指摁過的地方對準裝有碘的試管口，用酒精燈加熱試管底部，這樣，碘蒸氣就會將白紙上的指紋薰染出來了。

碘是鹵族元素，我們在日常生活中就能接觸到碘，因為它是人體的微量元素之一，可以被添加在食鹽中，對人體的健康有益。

碘一般以水溶狀態存在，在海水和海鮮中含量較高，但在陸地上的含量就相對很少。

碘的屬性如下：

顏色：紫黑色。

熔點：113.7°C。

沸點：184.3°C。

密度：$4.933\times103kg/m^3$。

物理性質：容易昇華，昇華後又容易凝華。

化學性質：有毒性和腐蝕性，遇澱粉會變成藍紫色；能溶於水；一般能與氯單質反應的金屬和非金屬均能與碘反應。

作用：可用於製作碘酒、照相和燃料。

【化學百科講座】

碘識別指紋的原理

每個人的手每天都要接觸到很多東西，比如油脂、汗水等，當手指摁在白紙上時，相當於是油脂和汗水這類含有有機溶劑的物質被留在了紙上。

碘具有溶於有機溶劑的特性，所以這時把碘加熱，讓固態的碘無需經過液化而直接變成蒸氣 ，就可溶解在紙上，然後指紋就會顯露出來了。

35 破舊小屋中誕生的奇蹟

居里夫人與鐳

提起化學元素中的鐳，就不能不提到居里夫人。

居里夫人

居里夫人是鐳的發現者，被譽為「鐳之母」，當年她發現鐳之後引發了全球性的轟動，各種榮譽和鮮花紛至遝來，一時風頭無兩。

可是誰又知道，居里夫人發現鐳的過程充滿了艱辛，其中的辛酸令人唏噓。

一九八五年，居里夫人與丈夫皮埃爾結婚，這使得本想回到波蘭的她留在了巴黎，她沒有想到，這一計畫的改變讓自己在未來成為了諾貝爾獎得主。

當時法國物理學家貝克勒爾在一種稀有的礦物——「鈾鹽」中發現了鈾射線，這引發了居里夫人的好奇心，她決心研究出鈾射線的來源。

當時還沒有為女性化學家提供實驗室的先例，好在皮埃爾再三向自己就職的大學提出申請，校方才終於同意將一間無人使用的舊棚屋給居里夫人用。

這個棚屋的玻璃屋頂破損不堪，地面只有一層瀝青，屋內的陳設也只有幾張泛著霉味的桌子、一塊黑板和一個鏽跡斑斑的鐵火爐，甚至連張像樣的椅子都沒有。

就是在這間僅有幾平方米的陋室裡，居里夫人和她的丈夫進行了繁重的工作。

居里夫人發現，鈾並非唯一能放出射線的元素，她隨後發現釷的化合物也能放出射線，於是便為這類元素取了一個名稱——放射性元素，而她相信，如果元素藏於礦物中，那麼礦石肯定也具有放射性。

經過反覆提煉，她和丈夫發現了一種未知的元素——釙，釙的放射性要比鈾強四百倍，這一發現極大地振奮了居里夫人的心，使得她更加努力地去做自己的實驗。

一八九八年十二月，居里夫婦又發現了第二種放射性元素——鐳。

可是，按照當時化學界的規矩，只有在提取到新元素的單質，並準確測定其原子量後，才能證明一種新元素的誕生，可是居里夫人手頭卻什麼都沒有。不得已，居里夫婦決定將鐳提煉出來。

可是他們太窮了，買不起提取鐳的礦物鈾鹽。夫婦二人動用過人的智慧，猜測從鈾鹽中提取鈾之後，鐳必定還在廢棄的礦渣中，只要找到礦渣，就能提取到鐳。

經過他們的一番爭取，奧地利政府贈送了一噸的廢礦渣給居里夫婦，還承諾，若有需要，他們會提供更多。

當時居里夫人正患有肺結核病，卻拖著病體堅持守在工作崗位上。

每天，她拿著一根粗重的鐵條，攪拌放有礦石的沸騰溶液，實驗室裡烏煙瘴氣，嗆得人不能呼吸，居里夫人卻不為所動，直到夜幕降臨，才疲憊地收工。

度過了四十五個月的艱難時光後，居里夫人終於提煉出了一克純鐳，而她的體重卻整整減少了十四斤。

自從鐳被發現後，放射性元素的概念也深入人心，科學界的歷史再次進入轉捩點。

一九〇三年，居里夫婦獲得了諾貝爾獎，這便是在幾平方米的陋室中奮鬥四年多的最好獎勵。

鐳是一種具有強烈放射性的元素，能不斷放出大量的熱，它的同位素有十三種，其中鐳-226半衰期最長，為一千六百二十二年。

鐳的名稱來自於拉丁文，含意就是「射線」，它存在於鈾礦之中，但存量極少，每二．八噸鈾礦才含有一克的鐳。

鐳的屬性如下：

顏色：銀白色。

熔點：700° C。

沸點：1140° C。

密度：6 g/cm^3。

化學性質：能與空氣中的氮和氧化合；與水化合能放出氫氣；能溶於烯酸。

作用：由於鐳能放出 α 和 γ 兩種射線，能殺死細胞和細菌，所以在醫學上被用於治療癌症；鐳鹽與鈹粉的混合物可勘探石油、觀測岩石組成；鐳還是原子彈的原料之一。

【化學百科講座】

什麼是半衰期？

無論哪種元素，它都是有原子的，放射性元素也一樣，且它們的原子會源源不斷地放出射線。

不過，隨著時間的增長，放射的強度會逐漸下降，當強度達到最初值的一半時所需要的時間，就叫做同位素的半衰期。

36 全球最長壽的唱片

黃金的功用

黃金，從古至今便是公認的貴重金屬，因其色澤美麗、產量稀少而為人們所喜愛，故一直被當作貨幣、裝飾品而存在。

人們喜愛金子，出了不少佳句，比如「真金不怕火煉」、「是金子總會發光」，從這些話裡可知，金子確實有不容小覷的地方，要不然怎麼會如此珍貴呢！

一九七七年八月二十日，美國向太空發射了一枚行星探測器，名叫「水手十一號」，後改名為「旅行者一號」，因為兩週後，美國又再度發射了第二枚探測器——「旅行者二號」。

此次發射，不僅美國人感到激動，而且其他國家的有識之士也是興奮異常。

因為旅行者一號是一枚向外太空進發的探測器，它的目的在於研究太陽系外的星際空間，為地球人瞭解宇宙打下基礎。

此外，科學家們還突發奇想：難道這廣袤的宇宙之中，只有地球人這一種高智慧生物嗎？會不會有外星文明？

於是，他們便製作了一張唱片，讓旅行者一號帶入太空。

這張十二英寸厚的唱片以金屬銅為原料製造，內藏金剛石長針，包含了五十五種人類語言，連生僻的古代美索不達米亞阿卡德語都包括在內，以便向外星人問好。

此外，唱片裡還有一百一十七種動植物的圖像和一段九十分鐘的聲樂集錦，內容包括在地球上的各種自然界的聲音和二十七首世界名曲，足以向外太空展示地球的幽雅風貌。

或許有人會擔心，茫茫宇宙，這張銅唱片能保存多久呢？

不用擔心，即便探測器沒電了，唱片依然能保存下去，因為它的保存期限是十億年！

為何一張銅唱片的壽命有這麼久？那是因為它的表面上鍍了一層黃金。

正是因為黃金的穩定性，才能使這張唱片成為全世界最長壽的唱片，也許某一天，在浩瀚的星河中，真的會出現那麼一群高級生物，他們拿著鍍金唱片，感慨著與自己的家園截然不同的地球文明。

黃金基本上是以單質形式存在於自然界中的，在中國古代，它是「五金」之首，據《漢書》記載：「金謂五色之金也。黃者曰金，白者曰銀，赤者曰銅，青者曰鉛、黑者曰鐵。」

黃金的屬性如下：

顏色：金黃色。

熔點：1064.18° C。

沸點：2856° C。

密度：19.32 g/cm³（20° C）。

物理性質：是延展性最高的金屬。

化學性質：能被氯、氟、王水和氰化物侵蝕；能被水銀溶解，形成汞齊。

作用：

1、可做為貨幣和首飾。

2、可做為焊接材料。

3、可用來修復牙齒，在醫學上還可用來治療部分癌症。

4、金箔或金粉可用作食品及飲品上，如金箔酒。

5、還可當作超導體，用於電路板上。

【化學百科講座】

「吞金自殺」是否可靠？

在影視劇中，我們有時會看到這樣的鏡頭：某人吞下黃金，第二天就一命嗚呼，這是否說明黃金有毒？

其實，純金是沒有毒的，現代的一些食品，如金色杜松子酒、金劍肉桂蒸餾酒都是以金箔做為添加物的，雖然價格昂貴，但無毒無害。

不過，金的化合物可能對人體有害，古人吞金，若黃金未提煉純淨，會含有一些致人死亡的有毒物質，但也有可能是黃金密度大，下壓腸道，令人疼痛而死。

37 揭開「鬼谷」之謎

置人於死地的硒

神祕的山林，人跡罕至的谷地，常給人以無限遐想：此地會不會有猛獸出沒？會不會出現奇怪的事情，奪走人的性命？

在北美洲的西北部，就有這樣一塊令人膽寒的山谷，這裡寸草不生，遍地都是動物的屍骨，沒有人敢到這裡來冒險，附近的村民都稱這個地方為恐怖的「鬼谷」。

其實在十五世紀以前，鬼谷裡還住著很多印第安土著居民，山谷的空地十分開闊，不遠處就是淙淙的小溪，像極了一片世外桃源。

這些印第安人在此處生活了有百年之久，他們剛搬來鬼谷時，這裡還人煙罕至，後來他們用勤奮的雙手開墾荒地，種上了綠油油的莊稼，經過數十年的不懈努力，終於使荒谷變綠野，讓自己過著安居樂業的生活。

印第安族長很高興，覺得自己的族人會世代繁衍，人丁興旺，可是某一天，他的兒子卻非常痛苦地臥床不起。

當族長跑到病床邊時，驚訝地發現兒子的頭髮正大把大把地往下掉。

這是怎麼回事？是神靈在懲罰我嗎？

族長痛心地想。

他趕緊向神靈祈求安康。

可惜他的願望落空了，兒子的病情一天比一天嚴重，終於有一天，兒子發狂地喊叫起來：「我的眼睛！我的眼睛看不見了！」

族長淚流滿面，他覺得肯定是自己做錯了什麼，讓神靈如此降災於他，於是他整日祈求，懇請神靈高抬貴手。

不久之後，谷裡其他的居民也得了同樣的怪病，大家都是先掉頭髮，然後失明，整日痛不欲生。

族裡的祭司發話了：「谷裡一定有邪靈存在，才會讓那麼多人得病。」

族長這才驚慌起來，他開始想讓部族撤離山谷，這時他的兒子已經病死，而他的妻子、女兒也開始患上同樣奇怪的疾病。

可是族裡的老人不肯搬遷，他們認為此地是祖輩留下的基業，不能像扔垃圾一樣地丟掉。

於是，部族只好在僵持不下的狀態中繼續留在山谷裡。

人們接二連三地死去，最後，族長也得了這種奇怪的病，他在臨死前哀嘆道：「這塊山谷被詛咒了，天要滅亡我們呀！」

從此，再也沒人敢進入這片「鬼谷」，直到第二次世界大戰以後，一群地質學家不信「邪靈」之說，進入谷中進行勘探，才終於查明了怪病的緣由。

原來，這裡的土壤中含有大量的硒元素，雖然硒是人體微量元素之一，可是人若攝入量太多就會中毒，而鬼谷中的硒透過農作物、水源被人體吸收，導致了印第安種族的滅亡。

硒太多了不行，沒有也不行，中國黑龍江省克山縣曾流行著一種「克山病」，病人最初口吐黃水，隨後心力衰竭而死，死因正是由於缺硒。

硒元素是瑞典化學家貝采利烏斯於一八一七年發現的，隨後就在醫學界發揮了重要作用。它在自然界中以有機硒和無機硒的形式存在，有機硒是硒透過生物轉化與氨基酸結合生成，無機硒則可從礦藏中獲得，二者是可以轉化的。

硒的屬性如下：

顏色：紅色或灰色，有金屬光澤。

熔點：221° C。

沸點：684.9° C。

密度：4.81 g/cm³。

物理性質：脆，有毒，能導電。

化學性質：能與氫、鹵素、金屬直接發生作用；能溶於濃硫酸、硝酸和強鹼中。

作用：能增強人體免疫力，有抗癌、抗氧化、強身健體的功效。

食物來源：主要存在於海鮮、植物種子、動物內臟中。

【化學百科講座】

吸「硒」大法——紫雲英

鬼谷其實是個硒礦場，怎樣能提煉出大量的硒來呢？

科學家在鬼谷的空地上種下一種叫紫雲英的植物，紫雲英在生長的過程中會吸收土壤裡的硒，待它成熟時，體內就會聚集很多硒元素。這時候只要將紫雲英曬乾燒成灰，就能提取到純淨的硒了。

38 一把沉睡千年而不朽的名劍

越王勾踐劍與鉻

春秋時期，江南的吳國和越國因一位絕世美女而千百年來為人們所津津樂道，美女名叫西施，吳國和越國的國君分別叫夫差和勾踐。

當年夫差大敗勾踐，勾踐為了雪恥，就向吳王獻上西施，夫差果然沉溺於美色之中，忘了國家大事。

順便說一句，西施是越國大夫范蠡的情人，范蠡眼睜睜地看著心上人當了別人的金絲雀，不知心中是何滋味。

反正趁著夫差沉醉於聲色犬馬之中時，勾踐展開了一系列的復仇準備工作，其中就包括鑄劍這一項。

勾踐極其喜愛劍，他命人取來珍貴的礦石，打造出八把絕世好劍，為的就是某一天能用這些寶劍手刃仇人，為越國的百姓出一口惡氣。

當時的秦國人薛燭是個寶劍鑑定大師，他也愛收藏寶劍，當他聽說勾踐手裡有八把名劍時，便專程去越國一睹為快。

結果他看完勾踐的劍之後，整個人都震驚了，連聲讚嘆：「真是稀世珍寶，稀世珍寶啊！」

從此，勾踐的劍名揚天下，被很多人所覬覦，但奇怪的是，當勾踐死後，他的那些寶劍竟消失無蹤，再未現身江

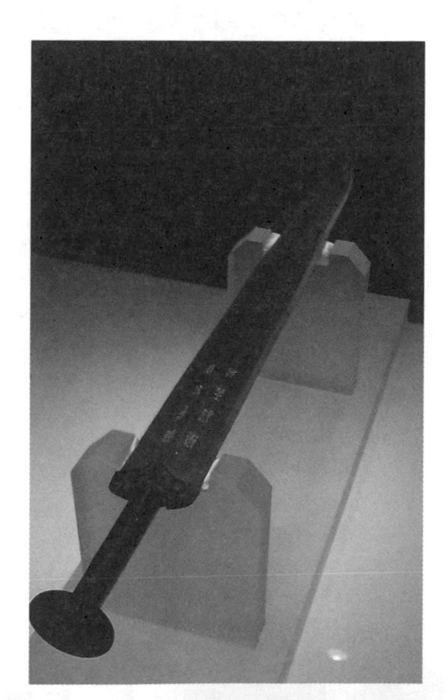

越王勾踐劍

湖。

誰也沒想到，兩千年後，考古專家在對湖北江陵一座楚墓挖掘時，竟然發現了勾踐的一把銅劍！

這把劍為何會在楚國的墓穴裡呢？科學家猜測，可能是勾踐的女兒嫁到了楚國，劍成了嫁妝；或者楚國征服了越國，劍成了戰利品。

令人們驚奇的是，儘管歷盡千年，這把寶劍的劍身依舊完整，閃耀著一層金屬光澤。

經檢測，寶劍的成分為銅、錫、鉛、鐵、硫等的合金，而刻滿劍身的花紋處含有硫化銅，對防鏽具有良好的效果。

但這並非是勾踐劍兩千年不鏽的主因，科學家發現，由於劍身上被鍍了一層含鉻的金屬，寶劍才能一直光亮如新。

這一發現令所有人感到不可思議，因為鉻極其稀有，不易被提取，而且它的熔點極高，越國的工匠將鉻鍍在劍身上，是需要極高的工藝的。

一九九四年，考古界又在秦始皇兵馬俑中發現了一批秦代青銅劍，這些劍同樣在劍身上鍍有一層鉻，而且是鉻鹽化合物。

這一次，世界都為之震驚了。

因為鉻鹽氧化的方法是直到一九三七年才首度被德國人發明的，而兩千年前中國人就掌握了這一方法，足以說明當時的鑄劍技術之先進，連今人都望塵莫及！

鉻是一七九七年被法國化學家沃克朗發現的，它在岩石中的含量極低，是一種稀有金屬。

單說鉻，可能大家還不太清楚這是個什麼元素，但說起不鏽鋼，應該眾人皆知了。鉻就是煉製不鏽鋼的材料，正是由於它的出現，才給建築行業增添了很多的便利。

鉻的屬性如下：

顏色：銀白色。

熔點：1857±20° C。

沸點：2672° C。

密度：7.20g/cm³。

物理性質：質硬而脆，純淨的鉻有延展性。

化學性質：能緩慢地溶於稀鹽酸和稀硫酸中，在空氣中易被氧化變成綠色。

作用：是人體的微量元素之一；可製作不鏽鋼。

【化學百科講座】

糖尿病人的救星——鉻

鉻能促進胰島素發揮作用，因為糖尿病人普遍存在缺鉻和缺鋅的情況，而有了鉻，胰島素就能更好地使人體吸收葡萄糖和蛋白質。

不過鉻不能盲目被人體攝取，因為如果量太多，會讓人中毒，而人體所需的鉻的含量僅為七毫克。

39 戰場上士兵們的救星

吸收毒氣的碳

在戰爭年代，毒氣是飽受詬病的一種作戰方式。

此種方法會令吸入毒氣的人呼吸困難，引發各種皮膚、血液和內臟衰竭問題，還容易傷及無辜，對土地、河流造成汙染，所以人們一提到毒氣，必然會恨得咬牙切齒。

可是在勝者為王的戰場上，誰會因為「仁義」二字而停止血腥的殺戮呢？

在第一次世界大戰期間，化學武器已被科學家們研製出來，德國首腦聽說這種武器非常厲害，具有大面積的殺傷功能，就大手一揮，命令道：「馬上用於戰場，查看功效！」

一九一五年四月，在比利時一個名叫的伊普雷的小鎮上，首批毒氣彈投入使用。

那次戰役讓英法聯軍吃盡了苦頭，但更讓他們膽寒的，是從天而降的一百八十噸液氯炸彈。毒氣彈轟炸過後，英法聯軍的戰壕裡堆滿了因中毒而死的士兵，當天共有五千多人被毒死，其餘士兵儘管留住了一條命，卻也受到毒氣的嚴重侵害，身體出現了嚴重問題。

一時間，醫護室裡人滿為患，醫生和護士忙得腳不沾地，依然無法對所有病人照顧周全。

這一切讓指揮官道格拉斯·黑格憂心忡忡，他想，萬一敵人再發動一次毒氣攻擊，我們的士兵豈不是傷亡更加慘烈？

有什麼辦法能阻止毒氣對士兵的侵害呢？

黑格茶不思飯不想，整天琢磨這個問題。

一天，他去戰壕裡視察軍情，發現了一個奇怪的現象：隨著毒氣彈的發射，很多野生動物也不幸被殃及，死在了戰場，可是唯獨不見野豬的屍體。

不應該呀？黑格暗忖，當初部隊開進小鎮的時候，他明明在沿途看到過很多野豬。

他忽然感到由衷的喜悅，也許那些野豬能教會士兵們怎麼抵禦毒氣攻擊！於是，他急忙派人去附近的樹林裡尋找野豬，然後觀察這種動物的自保之道。

經過調查，哨兵們發現，當野豬嗅到刺激性氣味時，牠們並沒有驚慌失措地四散逃逸，而是迅速將嘴巴插進泥土裡，並不停地拱土，盡量將泥土拱得鬆鬆的，這樣就能逃過一劫。

幸虧德軍後來沒有再發動毒氣戰，否則黑格只怕要為士兵們準備泥巴面罩了。

在戰爭結束後，科學家們得知了這一情況，便研究起泥土來。

他們發現，土壤中含有碳元素，而碳正是對毒氣產生了過濾和吸附作用，所以才讓那些野豬沒有中毒而死。

根據碳的原理和豬嘴的形狀，科學家們發明了防毒面具，並不斷改良，讓如今的人們受益匪淺。如此看來，那些野豬真是一大功臣啊！

碳是非金屬元素，也許很多人會將其與木炭等物質混淆，其實二者是不同的。

碳普遍存在於大氣、地殼和生物中，是組成地球生命的元老之一，它既能以單質形式存在，如金剛石、石墨等，又能以化合物形式存在，比如大氣中的二氧化碳。

其屬性如下：

顏色：黑色。

形狀：粉狀或顆粒狀。

熔點：3500° C。

沸點：4827° C。

密度：1.8 g/cm^3。

化學性質：能燃燒，在氧氣中燃燒得非常劇烈；可做為還原劑還原金屬單質；可抵抗溶解或化學侵蝕。

作用：

1、它是組成生命的元素之一。

2、含碳的石油、天然氣和煤是重要的燃料。

3、含碳的纖維素是紡織材料。

4、含碳的石墨可用作書畫材料，並做為潤滑劑，也被用作核反應爐裡的種子減速材料。

5、含碳的金剛石可做為首飾、切割金屬的工具。

【化學百科講座】

「吸毒」的碳——活性炭

碳的物質形態有很多種，但只有活性炭是可以吸收有害氣體的。這是由活性炭的結構導致的。活性炭孔多，且孔隙大，所以對異味的消毒作用非常明顯，還可以釋放氧離子，並能循環使用，節能環保。

純碳則對人體有輕微的毒性，大量吸入煤炭粉末或粉塵是有害的，容易引發肺病。金剛石磨粉被人體吸入也會有危險。

40 讓無數化學家心酸的元素

氟

化學元素中有一個非常妖媚的元素，它就如一位可遠觀而不可褻玩的美女，引無數英雄競折腰。

一提起它，相信會令很多化學家感到辛酸不已，因為在接近它的途中，數不清的化學家付出血與淚，用了一百多年的時間終於得到了它。而此時，已經有很多人獻出了寶貴的生命，堪稱化學史上的慘烈代價。

它到底是哪種元素呢？

原來，它就是如今常被添加在牙膏裡，能防蟲防蛀的氟。

氟到底有多危險，請看以下一組事例：

◎舍勒用曲頸瓶加熱螢石和硫酸的混合物，釋放出氟，結果玻璃瓶內壁被腐蝕。

◎化學家大衛想用電解法製造出純氟，結果金和鉑做的容器都被腐蝕了，卻沒電解出來，他還得了重病。

◎愛爾蘭的諾克斯兄弟用氯氣還原氟化汞，結果兩人嚴重中毒，三年後才恢復。

◎比利時化學家魯耶特為提取氟而中毒身亡，不久，法國化學家尼克雷也同樣犧牲。

◎英國化學家哥爾在電解氟化氫時發生爆炸，但幸好沒發生人員傷亡。

看完之後是否覺得很心驚？

但科學家是一群不畏生死的人，他們明知有危險，依舊會向虎山行，為的就是成功那一刻的無上滿足和自豪感。

法國的亨利・莫瓦桑就是這樣一位誓要與氟戰鬥到底的化學家。

亨利・莫瓦桑

一八七二年，他拜在化學家弗雷米教授門下，開始進入實驗室工作。

弗雷米對氟的興趣非常深，因此深諳氟的特性。他企圖找到一種不與氟發生作用的物質，可惜始終不能如願。

有其師必有其徒，莫瓦桑在得知老師的遺憾後也激起了鬥志，一門心思要提煉出純氟。

在經歷了一連串失敗的實驗後，他明白了一個道理：氟的性質本就活潑，在高溫狀態下更是活躍，而自己的實驗都是在高溫下進行的，怎能成功呢？

想來想去，他唯有採用前輩們使用的電解法來解析氟。

於是，他去電解劇毒的氟化砷，結果氟沒提取出來，倒把砷給煉出來了。

很快，莫瓦桑疲倦地倒在沙發上，呼吸困難，很明顯是中毒了。

妻子心疼丈夫，眼見莫瓦桑一次又一次地中毒，忍不住偷偷地擦眼淚，而莫瓦桑最終也無法承受砷的毒性，只能被迫中斷了電解實驗。

隨後，他依舊嘗試在低溫條件下電解氟化物，只不過這次換成了氟化氫。

他電解了一個小時，只電解出了氫氣，連氟的影子都沒見著。

莫瓦桑沮喪極了，他灰心地拆卸實驗器皿，準備另試他法，這時，他卻驚訝地發現玻璃管的瓶塞上覆蓋著一層白色的粉末！

那一刻，他差點激動得跳起來！

原來，他解析出了氟，只是氟與玻璃發生了反應，又成為了化合物。

明白了這一點後，莫瓦桑趕緊行動，他將玻璃換成了不與氟發生作用的螢石，然後用螢石器皿製得了單質的氟。

一八八六年，人類第一次見到了氟的廬山真面目，而莫瓦桑也因為發現氟的特殊貢獻，在一九〇六年獲得了諾貝爾化學獎。

由以上故事可知，氟有劇毒，且腐蝕性很強，它雖然在自然界中分布廣泛，但主要以螢石、冰晶石和氟磷灰石的形式存在。

氟的屬性如下：

顏色：淡黃色。

形狀：常溫常壓下是淡黃色氣體。

熔點：-219.66°C。

沸點：-188.12°C。

密度：1.696g/L。

化學性質：是最強的氧化劑，能與部分惰性氣體在一定條件下反應；一些含氟的化合物具有極強的酸性，如氟銻酸是一種超強酸。

作用：

1、可分離鈾。

2、合成氟利昂後是製冷劑。

3、在醫學上能臨時代替血液，含氟牙膏能預防蛀牙。

4、能製成堅固的玻璃和光導纖維。

【化學百科講座】

氟到底對人體有沒有益？

電視中經常會播放含氟牙膏的廣告，讓人引發錯覺，以為氟是一種對人體有益的元素。實際上，氟化物是對人體有害的，即便是少量的氟，也能引發人的急性中毒。

誠然，少量的氟對預防齲齒有益，但如果氟的量超標，牙齒反而會脆裂斷掉，甚至人的骨骼也會脆化，所以降低飲用水中氟的方法就是煮沸後再喝。

41 廁所裡突發的中毒事件

令人窒息的氯

這是一個容易發生在我們身邊的故事，相信對大家很有幫助，因為日常生活中一些看起來不起眼的小事，或許會釀成無法挽回的災禍。

一位中年女士在自己的女兒即將考大學之際，選擇離開家鄉，在女兒的校外租了一間房子，當了全職陪讀媽媽。

房子租過來之後，這位母親對屋內的擺設都很滿意，唯獨覺得洗手間太髒了，該打掃一下。

巧的是，她對於風水還有一定研究，認為洗手間是汙穢之地，不能髒亂，否則將晦氣纏身，影響女兒的學業，便決定去超市買點清潔用品回來好好清潔一番。

到了超市後，她看到消毒劑和潔廁劑同時擺在一塊兒，有點拿不定主意，她覺得這兩樣東西都很有用，一時間不知該怎麼取捨。

「乾脆都買回去吧，反正都能用！」她心想。

於是，她各買了一瓶，回家後就直接來到洗手間，將潔廁劑和消毒液打開，往地磚上灑。

很快，一股濃烈的氣味在洗手間四散開來，這位全職陪讀媽媽被嗆得連連咳嗽，眼睛也火辣辣地痛。

她心知不妙，趕緊跑出洗手間，可是她仍舊覺得難受，感覺喉嚨裡像塞了一大團硬物，快要無法呼吸。

這時，女兒恰好放學回家，見媽媽癱倒在地，頓時嚇得尖叫起來：「媽媽，妳怎麼啦？」

全職陪讀媽媽此時已沒有力氣說話，她一張嘴就覺得喉嚨彷彿被撕裂開來一樣，有種說不出的痛楚。她只能大口地喘息，可是即便如此，她仍覺得無法呼吸。

女兒見情勢不妙，趕緊打了急救電話，請醫生將母親送往醫院就治。

經過診斷，醫生說媽媽是輕度氯氣中毒，住幾天院就可痊癒了。

全職陪讀媽媽大惑不解，自己又沒有接觸到氯氣，怎麼會氯中毒呢？

醫生便詳細問了她的中毒經過，然後解釋道：「妳不能將消毒劑和潔廁劑混合使用，消毒劑含次氯酸鈉，而潔廁劑含無機酸，混合之後就會產生化學反應，生成氯氣。」

全職陪讀媽媽一時沒聽明白，但學過化學的女兒卻恍然大悟，提醒媽媽說：「反正以後不能消毒劑、潔廁劑一起用了，會中毒的！」

氯元素常以氣體形式存在，有劇烈的毒性，它是一七七四年由舍勒在軟錳礦中發現的。由於受拉瓦錫影響，舍勒認為氯氣是一種氧的化合物，但此觀點遭到了英國化學家大衛的強烈反對，因為後者始終無法從氯氣中將氧分離出來。

大衛是對的，一八一〇年，他終於用事實證明氯氣是一種單質，從此氯為人們所熟知。

氯氣會破壞臭氧，儘管有毒，它的化合物卻為人們所需要，那便是氯化鈉，也就是食鹽。

氯的屬性如下：

顏色：黃綠色。

熔點：-101° C。

沸點：-34.4° C。

密度：3.21g/L。

化學性質：微溶於水，能與絕大多數金屬和非金屬發生化合反應；易溶於鹼液和四氯化碳、二硫化碳等有機溶劑。

作用：

1、促進光合作用、調節植物葉片的氣孔的開合、抑制植物的疾病。

2、氯是人體的常量元素之一，天然水中幾乎都含有氯。

3、氯能製作漂白劑、藥品、塑膠、農藥等。

4、提煉稀有金屬。

【化學百科講座】

如何檢驗出水中是否有氯？

我們可以透過化學反應來進行檢驗：

1、向水中加入硝酸銀溶液。

2、若水中有氯，則銀離子會與氯離子反應，生成銀白色沉澱。

3、將沉澱物取出，與稀硝酸混合，若沉澱不溶解，就說明水中有氯。

42 拿破崙的死因揭祕

危害人體的砷

在世界史上，拿破崙是一位鼎鼎有名的人物，他的全名叫拿破崙・波拿巴，是法蘭西帝國的最高統治者，也是著名的軍事家和政治家。

迄今為止，他的很多名言都激勵著世人奮勇向前，比如「不想當將軍的士兵不是好士兵」，他也因自己的驍勇善戰打贏過很多戰爭，是戰場上的常勝將軍。

可惜，花無百日紅，大概拿破崙做夢也沒有想到，他竟然在滑鐵盧戰役中慘敗，並從此一蹶不振，成為階下囚。

一八一五年，拿破崙被流放，在接下來短短的六年時間裡，他的健康急遽惡化，最終撒手人寰。

有人說，拿破崙是抑鬱而終，還有人說他是被政敵謀殺或是被情敵所殺，至於得病而死的說法，也有很多人相信。

人們為拿破崙的死因討論了整整一個世紀，後來利用科學方法終於查明了事實真相。

科學家們採集了拿破崙的頭髮進行分析，又去當年放逐拿破崙的聖赫勒拿島進行調查。在拿破崙被軟禁的房間裡，他們從牆紙上找到了線索，最終得出了一份研究報告，向世人公

拿破崙替跪下的妻子約瑟菲娜・德博阿爾內加冕為皇后

布殺害拿破崙的真正凶手。

原來，拿破崙死於慢性中毒，而元凶正是化學元素——砷！

砷的氧化物為三氧化二砷，通俗名稱叫做砒霜，是一種劇毒物質。可是，如果人食用砒霜，毒性會很快發作，為何拿破崙能撐六年之久？

原因很簡單：拿破崙囚室的牆紙裡含有砒霜的成分。

聖赫勒拿島是個充滿潮氣的海島，在長年不見天日的環境下，牆紙裡的砒霜就生成了高濃度的砷化物氣體，危害著拿破崙的身體，經過長年累月的汙染，拿破崙終於不治身亡。

當然，自始至終都沒有人想要毒死拿破崙，但老天似乎不給拿破崙生存的機會。據看守拿破崙的獄卒透露，拿破崙在臨死之前頭髮脫落，牙齦暴露，臉色呈現出灰白色，四肢浮腫，並且心臟劇烈跳動，不停地喘息。

而現代法醫在化驗拿破崙的頭髮時也驚訝地發現，頭髮裡砷的含量是正常人的十三倍，很明顯，拿破崙確實是死於砷的魔爪之下。

提起砷，人們自然會想到砒霜，而砷與它的化合物也是被普遍應用於除草、殺蟲之類的種植業上，且往往非常有效。

砷是非金屬元素，在自然界中的存量甚廣，目前已有數百種砷礦物被發現。雖然砷有毒，但少量的砷卻也是人體不可缺少的微量元素。中國的煉丹家將含砷的雄黃視為神藥，而時至今日，雄黃仍在人們的飲食中擁有一定的地位，如雄黃酒。

砷的屬性如下：

顏色：灰白色，有金屬光澤。

熔點：817°C。

沸點：681°C。

種類：灰砷、黃砷和黑砷，其中灰砷最常見。

密度：1.97 g/cm^3（黃砷）。

物理性質：質脆，能導熱。

化學性質：化合物分為有機砷和無機砷，有機砷很多有毒；砷在200°C空氣中燃燒時會放出光亮，在400°C時會生成藍色火焰；砷不溶於水，但能和硝酸、王水、強鹼化合，形成砷酸鹽。

作用：

1、人體微量元素，曾被用於治療梅毒。

2、做為農藥使用。

3、做為合金添加劑，用於生產鉛製彈丸、印刷合金、蓄電池等。

【化學百科講座】

古代神獸與砒霜

在中國古代，貔貅是一種神獸，可招財，但貔貅非常凶猛，據說會吃人，這點和三氧化二砷很像，所以三氧化二砷就得名「砒霜」了。

在認識了砒霜之後，古人對其使用可謂得心應手。在西元六世紀，北魏農學家賈思勰的《齊民要術》對砒霜的毒性有了記載，並教導農民用砒霜來防蟲害；皇帝賜的毒酒，就有很多是含砒霜的酒。

43 生意頭腦造就的另一種結局

磷的發現

在近代以前，全世界都在瘋狂著煉金術，黃金如一個金色的美夢，刺激著人們的神經。

中國人渴望「點石成金」，歐洲人則膜拜實驗煉金，他們為了得到黃金，將自己搞得瘋瘋癲癲，整天在一口大鍋中加入各種普通的金屬和奇特的材料，然後口中唸唸有詞，希望黃金能一下子蹦出來。

這種做法在現在看來當然會顯得很幼稚，但在當時，卻是非常時尚的。

一六六九年，德國漢堡的一個商人布朗特也迷上了煉金術，他用自己生意頭腦掂量著，覺得煉金是個一本萬利的買賣，而且永遠不會賠本。

不過關鍵問題是：到底該採用何種方式得到黃金呢？

就在他冥思苦想之際，一個小道消息忽然傳到他耳朵裡：加熱人尿，並使其蒸發就能得到黃金！

布朗特大喜，不管三七二十一，就行動起來。

他將尿渣、細沙和木炭放入鍋中，然後將鍋底炙烤，很快，大鍋的上方就升起了蒸氣，似乎開始發生反應了。

布朗特的加熱實驗一直持續到晚上，當蒸氣終於消失後，他藉著微弱的燭光查看鍋裡的物質。

他發現鍋裡有種像白蠟一樣的東西，雖然不是金光閃耀的黃金，但會自行發出藍綠色的冷光。

雖然煉金失敗了，但布朗特還是非常興奮，他知道自己找到了一種從未見過的新物質。

由於這種接近於透明的固體發出的光是冷光，布朗特就用「冷光」來為其命名，這就是我們如今所知的元素——磷。

其實說起磷，以前的人們都會想到「鬼火」，當夏天的夜晚，人們在墳地裡走動時，會發現有藍綠色的火焰在追著自己。

沒錯，那就是磷的自燃。

磷不僅像布朗特發現的那樣存在於人體的尿液中，也存在於人與動物的身體裡，所以磷對生命體而言，是一種重要的微量元素。

磷也是生命元素之一，據科學家探測發現，它存在於恆星爆炸後的宇宙殘餘物中。

另外，在地球上，它普遍存在於人與動物的細胞、骨骼和牙齒中，且它是細胞核的重要組成部分，對遺傳基因的作用巨大。

此外，磷在腦細胞中以腦磷脂形式存在，能提供給大腦活動所需的巨大能量，總之，磷對人體的作用巨大。

磷的屬性如下：

顏色：無色（白磷）、淡黃色（黃磷）、紅棕色（紅磷）、黑色（黑磷）、鋼藍色（紫磷）。

熔點：590° C。

沸點：280° C。

密度：1.82 g/cm^3（黃磷）、2.34 g/cm^3（紅磷）。

種類：白磷、黃磷、紅磷、黑磷、紫磷。

物理性質：有惡臭，其中白磷和黃磷有毒，而紅磷無毒；白磷在高壓下加熱會變成黑磷。

化學性質：白磷能在空氣中發生緩慢氧化作用，並在一定條件下能自燃；白磷遇液氯或溴會爆炸；白磷能與冷濃硝酸、濃鹼液發生反應。

作用：

1、是構成人與動物的骨骼和牙齒的重要材料。

2、維持動植物新陳代謝與酸鹼平衡。

3、在軍事上被製成白磷彈，沾上皮膚後會一直燒到骨頭，非常厲害；此外可做為照明彈使用。

【化學百科講座】

磷的汙染——水質優養化

磷在自然界中多以磷酸鹽的形式存在，而隨著現代工業的發展，磷酸鹽被越來越多地製造出來，排入江河湖海中，引起水藻的大量繁殖，使得水生物因缺氧而大量死亡，這就是環境專家常說的水質優養化現象。為了控制水質汙染，人類應減少汙水的排放，此外，日常生活中，我們可以透過使用無磷洗衣粉等方式來保護環境，為生態貢獻一己之力。

44 未卜先知的門捷列夫

鎵的屬性更正

門捷列夫是一位傑出的化學家，他不僅發明了元素週期表，而且還計算出了在他那個時代未被發現的元素的原子量，所以說他能「未卜先知」一點也不為過。

關於門捷列夫的才能，有一個很好的例子能夠證明，那就是元素鎵的發現。

一八七五年，法國化學家布瓦博得朗在一塊閃鋅礦石中發現了一條紫色的光線，他覺得很新奇，立刻針對這條不知名的光線進行研究，終於在當年的十一月提取出了一種全新的金屬元素，將其命名為「鎵」，並在十二月份向法國科學院宣布了此種元素。

此時，布瓦博得朗還沉浸在巨大的喜悅之中，他絲毫沒有想到其實在自己研究出鎵的屬性之前，俄羅斯的門捷列夫已經成功預言在鋁元素的下方有一個空位，那正是鎵所在的位置，而布瓦博得朗的實驗也證明：鎵的屬性確實類似鋁。

就在布瓦博得朗將他的發現公諸於世後不久，他就收到了門捷列夫的信。

布瓦博得朗本以為門捷列夫是來祝賀他的，沒想到後者毫不客氣，一開始就寫道：「尊敬的布瓦博得朗先生，您所說的鎵就是我四年前預言的『類鋁』……」

布瓦博得朗冷笑了一下，覺得這位俄羅斯化學家還挺自大，但接下來的話讓他笑不出來了：「鎵的比重應該是五・九，而非您所說的四・七〇，請您再測一下……」

不可能吧？門捷列夫又沒有提煉出鎵，他憑什麼敢肯定地說他對了我錯了？一時間，布瓦博得朗覺得難以置信。

幾個月前，他是親手檢測過鎵的屬性的，當時覺得萬無一失才宣布了成果，如今這門捷列夫居然斬釘截鐵地質疑他的結論，這讓他情何以堪？可是，科學家都是以一絲不苟著稱的，布瓦博得朗覺得門捷列夫不會千里迢迢將一封大言不慚的信交到他手中，因而也對自己的結論產生了懷疑。

為了給大家一個交代，布瓦博得朗重新走進實驗室，再一次測量鎵的比重。

結果令他大吃一驚！

原來，門捷列夫的預言完全正確，是自己在測算時出了差錯，將結果算錯了。

頓時，布瓦博得朗對門捷列夫佩服至極，他趕緊重發論文，並給後者發去一封感謝信，表達自己的感激之情。

鎵在自然界的存量很低，但其分布廣泛，大多以化合物形式存在於礦石中，就算經過人工提取，一噸礦石也只能採集到幾百克的鎵，因此是一種稀有金屬。

目前世界上百分之九十的鎵都是在生產氧化鋁的時候，從一種叫「赤泥」的廢棄物中提煉出來的，不過它的提取依然十分困難，再過二十幾年，鎵恐將出現嚴重短缺。

鎵的屬性如下：

顏色：灰藍色或銀白色。

熔點：29.76° C。

沸點：2404° C。

密度：$5.904\ g/cm^3$。

物理性質：達到熔點時變為銀白色液體，但再冷卻至$0^\circ C$時卻不會固化。

化學性質：在空氣中是一種穩定元素；能微溶於汞；能浸潤玻璃，不能存放在玻璃容器裡；容易被水解；能引起某些生物體的中毒，但尚未對人體有毒性；容易附著在桌面、人體皮膚上，並留下黑色的斑印。

作用：

1、硝酸鎵能治療某些疾病。

2、能製造半導體。

3、能在化學反應中做為催化劑。

【化學百科講座】

浸潤現象是什麼？

浸潤，打個比方：在乾淨的玻璃上滴一滴水，水就會在玻璃表面形成一層薄膜，這就是浸潤現象，水就是浸潤液體。

反之，如果將一滴水銀滴在玻璃上，水銀來回滾動，卻不會在玻璃上留下任何痕跡，就是不浸潤現象。

45 奸商的致富經

以假亂真的鉑

在古代，世界各國幾乎都將黃金和白銀做為貨幣和首飾，在市面上流通，而銀的產量稍多，所以流通更為廣泛。

與此同時，一些奸商也開始打起了小算盤：如果能找到白銀的替代品就好了！

結果，一支前往加勒比海岸的遠洋商船還真發現了一種外形上酷似白銀的金屬，而且耐腐蝕，延展性好，能被隨意打造成各種形狀，真是一種再妙不過的山寨品了！

不過這種「白銀」比真正的銀重，如果掂分量的話，就能分辨出真偽了。

儘管如此，奸商們仍舊覺得有利可圖，於是他們裝了滿滿一船的「劣質銀」，然後偷偷運回了歐洲。

回國後，讓「劣質銀」物盡其用的最保險方法，就是賣給珠寶商。

於是，珠寶商們在大吃一驚後，欣然用低價買進了這些「劣質銀」。

珠寶商自有辦法將「劣質銀」打造成各種首飾，而且顧客們絲毫沒有察覺自己被騙了。

在屢獲不義之財後，珠寶商的貪婪之心越發膨脹，他們嫌首飾的流通速度太慢了，竟然雇了工匠，將「劣質銀」摻入黃金中假冒黃金。

因為「劣質銀」的比重比黃金還要大，所以仿冒黃金更加容易，最後，奸詐的珠寶商胃口更大了，他們居然在「劣質銀」裡摻入少量的黃金，做成金幣來進行交易。

可是這種假金幣的顏色實在太淡了，難免讓人起疑心。

最後，市面上的假金幣越來越多，引起了政府的注意。

官員在查明真相後，將珠寶商和賣「劣質銀」的奸商抓獲歸案，並向國王彙報了此事。

國王大怒，下令將所有「劣質銀」倒入大海，又下達命令，要求官員嚴懲私藏「劣質銀」的平民，誰敢違抗，一律砍頭。

如此一來，這個國家人心惶惶，誰都不敢跟「劣質銀」沾上一點關係，不久之後，「劣質銀」就銷聲匿跡了。

誰知，二十世紀末期，這種「劣質銀」竟然成為了一種貴金屬，與黃金齊名，而且因其穩定的性質和漂亮的色澤，受到了民眾的追捧。

它就是鉑，一種貴金屬元素，古人若能得知鉑的價值，是否後悔將鉑倒入大海中呢？

也難怪古人有眼不識泰山，因為鉑被發現得比較晚，直到一七四八年才被英國人沃森確認為是一種新元素。

在自然界中，鉑多以礦藏形式存在，它的別名叫白金，可見人們對其的喜愛程度不亞於黃金。

鉑的屬性如下：

顏色：銀白色。

熔點：1772° C。

沸點：3827° C。

密度：21.46 g/cm^3。

物理性質：質軟，有延展性。

化學性質：常溫下保持穩定，不過溶於王水、鹼溶液、鹽酸與過氧化氫混合物、鹽酸與高氯酸混合物；在高溫下易受腐蝕。

作用：除做飾品外，還可製造耐腐蝕的化學儀器；與鈷的合金可製作強磁體；在醫學中，可用來製造抗癌藥。

【化學百科講座】

一百年前的照明工具——鉑絲酒精燈

在一百多年前，有一種燈風行歐洲，並流行了很多年，它就是用鉑做為燈絲的鉑絲酒精燈。

這種燈是一八二〇年由英國化學家大衛發明的。大衛發現用酒精潤濕鉑絲後，鉑絲能劇烈燃燒，並發出強烈的光芒，於是鉑絲酒精燈應運而生。

為什麼擦了酒精的鉑絲會變得如此熾熱呢？因為鉑能促進酒精的氧化，相當於是一種催化劑，所以酒精才能發光發熱。

46 古羅馬走向衰亡的原因

美味的鉛

這是古羅馬的一個星空璀璨的夜晚，一個貴族家庭正在舉行一場盛大的宴會，慶祝一位剛成年的女性貴族維比婭與男貴族馬庫斯喜結良緣。

由於這個家庭很富有，所以來到會場上的人們驚訝地發現，鉛製的餐具竟然如此之多，甚至連酒杯都是鉛做的！

「天哪！蒂塔！妳是在炫耀嗎？連皇帝都該羨慕妳啦！」一位肥胖的女賓客用尖細的嗓音誇張地對女主人叫道。

女主人則笑開懷了，指著滿桌的鉛器皿，假裝謙虛地說：「哪裡，哪裡，我們的全部家當都在這裡了，哪敢跟皇室相比！」

然而，心裡的得意是藏不住的，在品一口紅酒後，女主人忍不住開始借題發揮：「妳覺得這酒怎麼樣？」

肥胖的女賓客馬上誇讚道：「我這輩子都不曾喝過這麼好的葡萄酒！」

雖然明知對方在恭維，女主人還是心花怒放，她馬上指點一番：「這酒是放在鉛鍋裡煮的，時間要煮得特別長，直到酒汁只剩下原來的三分之一才可以，所以味道自然是不同呢！」

說到這裡，兩個女人爆發出了一連串的假笑。

此時，新娘正在閨房裡悉心打扮，她的臉上已經抹了厚厚一層白粉，但她嫌不夠，還想讓侍女把自己打扮得更白一點。

在當時的羅馬帝國，女性是以金黃色的頭髮、白皙的肌膚做為貴族象徵的，所以對美白的追求幾乎是所有羅馬女性的共同愛好。為了達到這一目的，她們不惜在化妝品中添加了大劑量的鉛，因為鉛具有使膚色變白的功效。

最終，新娘維比婭在臉上厚厚塗抹了三層之後，才滿意地下樓去見賓客了。

當晚，大家都吃得非常開心，全然不知鉛已在他們體內沉澱，並成為日後的健康隱患。

這就是羅馬當時的狀況，由於對鉛的毒性一無所知，羅馬的官員還用鉛做水管，給整個城市鋪設排水系統，所以，就算不使用含鉛器皿和化妝品的普通百姓也難逃劫難。

就這樣過去了數百年，古羅馬人的身體越來越差，由於鉛中毒，他們出現了便祕、貧血、腹絞痛等一系列疾病，而新生兒更可憐，他們中的很多人都患有癡呆症。

最終，羅馬帝國分裂成東西兩大帝國，西羅馬帝國早早滅亡，而東羅馬帝國又堅持了一千年，最後不敵奧斯曼帝國，從此在地球上消失了。

古羅馬人喜歡鉛，是因為鉛質地柔軟，可以被塑造成很多形狀，而他們大規模使用鉛，被認為是導致滅國的主要原因之一。

早在七千年前，人類就會使用鉛了，比如在《聖經．出埃及記》裡就有對鉛的描述，而煉金術士也認為鉛可以占卜星相，不過到現代後，人們因為意識到鉛的汙染而刻意減少了對鉛的使用。

鉛的屬性如下：

顏色：藍白色。

熔點：327.5° C。

沸點：1740° C。

密度：11.3347 g/cm^3。

化學性質：能溶於硝酸、熱硫酸、有機酸和鹼液；在空氣中易氧化，在表面生成保護膜，因此其暴露在空氣中顏色容易變得黯淡無光。

作用：可製造蓄電池；用作建築材料和焊接材料；在軍事上可被製成彈藥。

【化學百科講座】

鉛筆的原料是鉛嗎？

答案是否定的。

在十六世紀，英格蘭人發現了石墨，但當時人們不知道石墨是不同於鉛的礦物，覺得用石墨和鉛差不多，只是書寫的時候留下的痕跡要比鉛黑很多，就將石墨叫做「黑鉛」，所以鉛筆的名稱由此而來。

47 奪命水源引發的痛痛病

恐怖的鎘

在日本富山縣神通川流域，有一段令人不堪回首的往事。

此事從一九五五年一直延續到一九七七年，中間二十多年的時間裡，兩百多人痛不欲生，身心受到了極大的創傷，最後在病痛的折磨下無助地死去。時至今日，依舊成為當地人心中的一塊陰霾。

究竟發生了什麼事？又是什麼疾病讓這麼多人痛苦萬分呢？

一九五五年，在神通川流域附近突然有些人得了一種怪病，病人們先是各處關節疼痛，而後痛楚蔓延至全身，就宛若成百上千根鋼針扎著身體一般。

得病的人為此奔走於各大醫院之間，可是醫生們卻對此束手無策，因為從未有過這種病例發生，他們也不知該用什麼藥治療。

病人們非常失望，只好回到家中，祈求病痛能自行痊癒。

可惜數年之後，這種怪病不僅沒能消失，反而加重了。

此時病人們的骨骼已經嚴重畸形，骨頭變得特別脆弱，甚至打一個噴嚏，都能讓骨頭折斷。

「這可怎麼辦呀！農田裡還有工作要忙，可是我們站都站不起來了！」病人們整天唉聲嘆氣，可是沒有人能幫到他們。

由於怪病對骨頭的傷害太大了，病人們最後變得十分悽慘。

曾有一個病人，他全身骨折達七十九處，導致身高縮短了三十公分，整天佝僂著背，年紀輕輕就形似老人。

當地居民非常恐慌，稱這種病為「痛痛病」，為了避免患上這種可怕的疾病，他們到處求醫問藥，甚至自行服用藥品，希望能遠離痛痛病。

然而，事與願違，在二十多年的時間裡，不斷有人因為忍受不住疼痛而死去，最後大家實在不堪忍受心中的恐懼，要求政府介入，查明病因。

調查專家姍姍來遲，在採集了神通川的水樣之後，專家們發現，水體中含有大量的鎘元素，正是這種元素進入人體，又無法排泄出去，才導致了痛痛病的發生。

原來，在神通川的河流兩岸建有不少鋅、鉛冶煉廠，廠裡排放的汙水不經處理就流入了河流中，受到汙染的河流又流入稻田中，產生了鎘金屬超標的鎘米，結果對人體造成了極大的傷害。

在弄清楚痛痛病的元凶後，政府開始大力整治排放汙水的企業，終於讓痛痛病不再危害人間。

鎘存在於鉛、鋅礦石中，礦石被處理後，鎘也就被提取了出來。

鎘主要聚積在人的腎臟，並阻止維生素D發揮作用，而維生素D則是幫助鈣、磷在人體骨骼中沉澱和儲存的要素，所以人體攝入鎘之後，就會得軟骨病。

鎘的屬性如下：

顏色：銀白色。

熔點：320.9° C。

沸點：765° C。

密度：8.65 g/cm^3。

物理性質：有韌性和延展性。

化學性質：能在潮濕空氣中被緩慢氧化；可與鹵素、硫、酸化合，不溶於鹼。

作用：

1、可製作合金，如鎘鎳合金可製造飛機發動機的軸承。

2、可做為原子反應堆的控制棒。

3、能被製成顏料、電視映射管的螢光粉、油漆、殺蟲劑等。

4、可製成充電電池。

5、可做為鋼鐵、銅的保護膜，但因毒性太大，人們正在逐漸廢棄這一用途。

【化學百科講座】

傷害人體的魔鬼——鎘米

目前在中國市場上，約有百分之十的鎘米在售賣，這對於人體的健康極為不利。因為稻米是對鎘吸收最強的穀類作物，因此人在食用鎘米後受到的傷害尤其嚴重。

鎘在人體中聚積後就不容易排出，即使過二十年，鎘對人體造成的傷害也僅僅小了一半而已，而可怕的是，鎘米的外形無法與正常大米區分，只能在其尚為稻米時期才能看出因汙染而生長不佳的情況。

48 重量少了百分之三的祕密

活躍的鋰

鋰，相信大家都不會陌生，我們的手錶、電腦用的電池裡都含有鋰，在日常生活裡，鋰是非常重要的一種元素。

不過在十八世紀末期，人們對於鋰還是一無所知。

有一天，一個巴西人來到瑞典的一個小島上，他看到島嶼很小，就到處走走看看，不知不覺就把這座島嶼逛完了。

在返回住所的途中，他發現了一塊黃色的石頭，以為是什麼寶貝，就把它放進了口袋裡。

晚上的時候，需要生火，僕人從巴西人的口袋裡摸到了黃石，也許因為天黑，石頭顯得和一般灰色的岩石沒什麼兩樣，在左看右看沒覺得有什麼稀奇之處後，僕人將黃石扔進了火堆中。

一瞬間，火焰猛地升起一丈多高，並發出詭異的深紅色火焰。

僕人嚇得驚叫起來，巴西人趕緊過來撲滅火焰，但可惜的是，那塊黃色的石頭早已消失在火堆裡。

不過從此以後，瑞典的黃色石頭遠近聞名。

一八一七年，瑞典化學家阿維德松仔細研究了這些黃色的石頭，透過實驗，他發現黃石是由氧化矽和氧化鋁組成的，但是，他在計算反應過後的元素總量時發現，氧元素、矽元素和鋁元素的總和佔整塊礦石總重量的百分之九十七。

那麼，缺少的百分之三是什麼呢？

阿維德松又拿起一塊礦石做實驗，結果還是一樣，他百思不得其解，口中喃喃地說：「百分之三，百分之三……」

忽然，深紅色火焰的故事在他心頭閃過，他眼睛一亮，將氧化矽和氧化鋁分別用酒精燈加熱，結果發現二者根本就不會放出紅色的火焰。

「我知道了，這肯定是一種新元素！」阿維德松興奮地大叫道。

由於新元素是從石頭裡被發現的，阿維德松就將新元素命名為「鋰」，即希臘語裡的「石頭」之意，但可惜的是，他無法獲得鋰的單質，只能知道這是一種非常活躍的元素。

三十年後，德國化學家本生和英國化學家馬奇森透過電解氯化鋰，獲得了大塊的金屬鋰，這時，鋰才第一次現出廬山真面目，並能做為實驗室的材料使用。

由於鋰在地殼中的含量不高，而且它的化合物也不多見，所以它的發現比較晚。

在自然界中，鋰的礦物有鋰輝石、鋰雲母、透鋰長石和磷鋁石等，上文的巴西人找到的就是透鋰長石。

不過，鋰也是人體微量元素，且在動物、土壤、可可粉、菸葉和海藻中都有蘊藏。

鋰的屬性如下：

顏色：銀白色。

熔點：180.54° C。

沸點：1342° C。

密度：0.534 g/cm^3。

硬度：0.6。

鑑定：將含鋰的化合物放入火中，若火焰呈深紅色，則說明有鋰。

物理性質：是自然界最輕的金屬，比油都輕；質軟，可以用刀切割。

化學性質：非常活躍，所以需要存放在液體或固體石蠟、白凡士林中；可溶於液氨；很容易與氧、氮、硫等化合。

作用：

1、可用於原子反應堆的熱核反應中；可製成炸彈。

2、可製成潤滑劑、助溶劑、去氧劑、脫氯劑。

3、可製成數位產品的電池，是高能儲存介質。

4、可製造電視機映像管。

5、能改善人體造血功能，提高免疫力，預防心血管疾病。

【化學百科講座】

一夕受寵的貴妃——鋰電池

在人類歷史的很長一段時間裡，鋰都像一個深居宮中不得皇帝寵幸的宮女，得不到人們的重視。

好在隨著工業的進步，鋰做為優質能源的優點很快得到了「皇帝」的青睞：用鋰電池發動汽車，行車費用只佔普通汽油發動機車的三分之一，而在發動原子電池組方面，用鋰製造出氚，中途無需充電，可不間斷工作二十年。

如此高品質的「貴妃」，怎能不扶正做大呢？

49 回龍村的「鬼剃頭」事件

喜愛毛髮的鮀

俗話說：「天有不測風雲」，相信誰都不希望平白無故讓自己遇上倒楣事，況且有些不幸的事情，若能避免，還是盡量避免。

在中國貴州，有一個叫回龍村的山寨，寨中男女都是苗族人，所以就有個自古以來流傳下來的風俗：女子要留一頭長髮，並且頭髮越長的女子，在當地人的心目中越美麗。

至於未婚的女子，頭髮對她們的意義就更大了，她們平時都將長髮盤成髮髻頂在頭上，如果遇到心儀的男人，就會在對方面前將長髮披散下來，若男子喜歡姑娘的這一頭青絲，便會為她梳理長髮，兩個人就相當於私定終身了。

巧妹是寨子裡的頭號美女，在十六歲那年，她的爹娘便準備給巧妹說一門好親事，然後風風光光地把女兒嫁出去。

消息傳開後，寨子裡的未婚男青年個個躍躍欲試，連鄰寨的青年都開始往回龍村裡跑。

男人們整天在巧妹的家門口轉，希望哪天巧妹能在自己面前放下一頭如絲的長髮，然後對著自己笑靨如花。

可是巧妹很矜持，就是不肯將頭髮放下來，青年們便想出一個主意：在河邊等巧妹洗頭髮，這樣一來，連放下頭髮的那一步都做到了，只要巧妹同意，就可以為她梳理頭髮啦！

然而，青年們失望地發現，巧妹在洗過幾次頭之後，就再也不去河邊了，更糟糕的是，她幾乎寸步不離家門，似乎不想見人。

這下，青年們可是百爪撓心，苦思自己是否做錯了什麼事惹得巧妹不高興，可是他們想了又想，依然沒有答案。

畢竟，他們只敢遠遠地看著她，都羞於跟她打招呼呢！

接下來，更奇怪的事情發生了，不只是巧妹，連寨中的其他姑娘都很少出門了。

鄰寨的青年疑惑不已：難道這裡的女人已經害羞到這種地步了嗎？

有一天，這個謎題終於解開：大家發現，在寨中走動的男人，頭髮竟一簇一簇地往下掉。

這時人們才知道，原來巧妹不是因為羞澀，而是她那一頭美麗的秀髮已經脫落得所剩無幾，整天坐在家中痛哭流涕呢！

莫非這就是傳說中的「鬼剃頭」？附近的人們得知此事後，嚇得紛紛逃離了回龍村，而回龍村裡的居民也苦惱不已，不知到底該怎麼化解這一危機。

為何回龍村裡的男女會掉頭髮呢？

科學家後來調查發現，在回龍村河流的上游，有另外一個村寨，那裡的居民喜歡用一種紅顏色的礦石當柴做飯，而礦石燒剩下來的灰就倒進河裡，順流而下，進入了回龍村居民的身體裡。

在那些灰燼中，有一種叫鉈的元素，會妨礙人體毛囊中角質蛋白的生成，所以時間一長，頭髮就自然而然地掉落了。

與其造成的危害不同的是，鉈的英文含意是非常小清新，意思是「嫩芽」，因為科學家在光譜線上發現它時，它正披著一抹新綠的色彩，看起來賞心悅目。

但是，鉈的毒性是毋庸置疑的，它能被製成一種非常高效的滅鼠藥，屬於劇毒高危險重金屬。

鉈的屬性如下：

顏色：白色。

熔點：303.5° C。

沸點：1457° C。

密度：11.85 g/cm^3。

化學性質：室溫下，鉈的表面能在空氣中生成一層氧化膜；能與鹵族元素反應；高溫時，能與硫、硒、碲、磷反應；能迅速溶解在硝酸和稀硫酸中。

作用：可做為電子管玻殼的黏接；其化合物可做催化劑，但對人體有毒；鉈的放射性同位素鉈 -201 能診斷各種疾病，包括癌症。

【化學百科講座】

清華女生朱令中毒案——鉈的危害

鉈的產量非常稀少，但對人體的傷害極大。

也許大家對鉈的危害仍不清楚，但說起清華女生朱令的中毒案，可能會恍然大悟。

一九九四年朱令突發怪病，腰部、四肢關節痛、頭髮全部掉光，第二年被檢測出鉈中毒。醫院雖幫朱令排出了毒素，但嚴重的後遺症卻將影響朱令的一生，至今，朱令仍行動不能自理，而投毒者始終逍遙法外。

50 「吃人」的銀色鏈子

銥 192

聰明人都知道，小便宜不能貪。

或許有人會問：如果不是小便宜呢？

答案依然是：同樣不能貪。

可惜，一個叫王成的人不懂得這個道理，結果付出了慘痛的代價。

在二十世紀九〇年代，王成是中國東北一個化工廠的工人，他每天的工作簡單而繁重，就是給工廠做清潔工作，勤勤懇懇地打掃環境。

要不是突如其來的一個發現，王成可能會一直工作到退休，但造化弄人，他的人生在一個傍晚發生了巨大的轉折。

那天，他因為一點瑣事下班晚了，當他即將離開工廠的時候，所有的工人都已走光。王成見走廊的燈一明一滅，心中升騰起不祥的預感，連忙加快腳步，匆匆地收拾準備回家。

就在他倒完最後一桶垃圾時，他突然發現垃圾堆裡有什麼東西在閃閃發光，於是好奇心大起，將那發光物撿起，仔細一看，原來是一條銀色的鏈子。

王成覺得這鏈子挺好看，而且還能發光，說不定是什麼寶貝，便如獲至寶，將鏈子放入褲兜裡，然後哼著小曲回家了。

即使回到家中，他也沒有立刻將鏈子取出來，而是一直忙到吃完飯，才取出來細細觀賞了一番，放在床頭櫃子裡。

但是，可怕的事情發生了！

當王成即將躺在床上休息時，忽然感覺自己的雙腿不能動彈了！

他大吃一驚，用手按著雙腿，拼命揉捏，可是腿部肌肉卻始終沒有反應。

糟糕，該不會是被髒東西附體了吧！

王成越想越擔心，卻絲毫沒有想到那「髒東西」有可能就是那條銀色的鏈子。

他想打電話，誰知腳剛著地，身體就結結實實地往地上栽去。

王成痛得齜牙咧嘴，心中的恐懼被無限放大，他扭動著身體，一寸一寸地挪向電話機，終於摸到了聽筒，給醫院打了急救電話。

到醫院以後，醫生們發現王成的病情非常嚴重，需要截斷雙腿，否則性命不保。

第二天，整個化工廠在得知王成重病的事情後，工人們紛紛嘆息王成不該貪小便宜，撿了一條吃人的鏈子。

很快，此事驚動了化工廠的領導，領導覺得不對勁，趕緊調查此事。

調查過後，果然出事了：廠裡的一條報廢的銥放射源昨晚不見了，看來是輾轉到了王成的手裡。

有了王成的前車之鑑，工廠加強了對垃圾的檢查，從此避免了類似情況的發生，只可惜王成的雙腿不能因此而復得，實在是一大悲劇！

故事中具有放射性的銥就是銥的人工放射性同位素銥 192，它與它的兩位兄弟銥 191 和銥 193 都屬於銥元素，只是後兩者都沒有放射性，且在地球上天然存在。

銥的含意也很美麗，是拉丁文中的「彩虹」， 它是一八〇三年英國化學家坦南特、法國化學家德斯科蒂等人用王水溶解粗鉑時，從殘留在器皿底部的黑色粉末中發現的。銥在地殼中的含量很少，主要存在於鋨銥礦中。

銥的屬性如下：

顏色：銀白色。

熔點：2410±40° C。

沸點：4130° C。

密度：22.56 g/cm^3。

物理性質：質硬而脆，在加熱時具有延展性，膨脹係數極小。

化學性質：是最耐腐蝕的金屬；只有海綿狀的銥才會緩慢地溶於熱王水中；只能在熔融的氫氧化鈉、氫氧化鉀和重鉻酸鈉中稍微溶解。

作用：用於製造科學儀器、飛機火花塞、鋼筆尖、電阻線、國際標準米尺、千克原器等。

【化學百科講座】

魔鬼垃圾

這個名詞是對各種危害極大的垃圾的總稱，一般來自於礦山、化工廠和醫院。魔鬼垃圾不能及時清理，會對人體和環境造成嚴重的損害，它能使人中毒、誘發炎症或癌症。而魔鬼垃圾中還有各種有毒元素，如砷、汞、鎘、鉛等，都是對人體健康的一個極大考驗。

51 瘋子村的祕密

廢舊電池中的錳

工業社會在發展初期總是以犧牲環境做為代價的，可惜當時的人們不知道環境汙染的危害，結果演變成可悲的事件，在幾十年甚至幾百年後無言地告誡著後人。

二十世紀三〇年代，日本正處於大力發展機器大工業時代，人們用上比較簡單的電器，生活似乎比以前便捷了很多。

當時，在一個偏遠的村子裡，突然發生了一件非常奇怪的事情。村子裡有十多位村民在一夕之間精神失常，他們一會兒沉默不語，一會兒嘮嘮叨叨，一會兒哭哭啼啼，一會兒放聲大笑，嚇得鄰居們都不敢外出走動。

其他正常的村民都覺得匪夷所思：前幾天和那些發瘋的人交談時，他們還好好的，怎麼說瘋就瘋了呢？

有些人不免幸災樂禍地說：「肯定是他們幹了壞事，上天要懲罰他們！」

結果，過了一段時間，那些說風涼話的人，竟也離奇地發瘋了。

村長擔心那些瘋子會鬧事，就組織了一群人，將精神失常的村民隔離了起來。

本來這個村莊還挺熱鬧，大家整天歡聲笑語不斷，可是現在卻換了一副模樣，白天死氣沉沉，村民們說話、做事都非常小心，彷彿怕被誰監視一樣。

而到了晚上，萬籟俱寂的時候，發瘋的村民就在隔離區瘋狂地哀嚎，那聲音劃破天際，讓聽到的人都覺得自己也快要發瘋了。

隔離也無法阻止瘋病的傳染，又有人陸續精神失常，村長擔心再這樣下去，村子要改名叫「瘋子村」了，他終於下定決心，將發瘋的人送往縣城的精神病院。

由於精神失常的人實在太多，精神病院的醫生們都覺得很震驚，他們覺得此事有蹊蹺，連忙向政府部門做了彙報。

警察局和醫院立刻派出一個研究調整小組，前往「瘋子村」查探實情。

醫生們對病人的家屬做了詳細的詢問工作，還檢查了那些病人的身體，最後得到了一個出乎意料的結論：村民們發瘋是因為錳中毒，在他們體內，金屬錳離子的含量比一般人要高出好幾倍。

那麼，這些錳是從哪裡來的呢？又是怎樣進入村民身體裡的呢？

在檢測過當地的水源後，答案很快揭曉。

原來，當地人用完乾電池後從不做回收處理，而是將報廢的電池往水井旁邊一扔了事。天長日久，廢電池中的二氧化錳就變成了可溶性的碳酸氫錳，滲透到井水裡，村民們的生活用水都是井水，所以村子裡才會出現發瘋事件。

錳是一種金屬元素，是一七七四年由瑞典的化學家甘恩在一塊軟錳礦石中發現的，而在此之前，化學家們還以為軟錳礦中只有錫、鋅等元素。

錳在地殼中分布廣，而且在海底的礦藏也很豐富，它的屬性如下：

顏色：灰白色。

熔點：1244° C。

沸點：1962° C。

密度：7.44 g/cm^3。

物理性質：質堅但很脆。

化學性質：常溫常壓下較穩定，但在高溫時易被氧化；容易與稀酸反應。

作用：

1、可以製造特種鋼，當錳在鋼中的含量為百分之二．五～百分之三．五時，鋼脆得像玻璃，但若錳的含量超過百分之十三，鋼鐵會變得又堅固又有韌性。

2、可做為鋼鐵的去硫劑與去氧劑。

3、可在實驗室中做為催化劑。

【化學百科講座】

錳中毒症狀分析

至今為止，醫學界並沒有明確的錳中毒診斷指標，而錳中毒症狀跟神經衰弱、精神病、老年癡呆等疾病有相似之處，所以只有那些有可能接觸過錳，且被排除其他病因的病人才會被確診為錳中毒。

錳中毒有什麼症狀呢？

初期：手指震顫、精神亢奮；中期：四肢乏力、記憶力衰退；後期：四肢僵死、精神異常，呈現瘋癲的症狀。

52 守財奴的黃金夢

充當騙子幫凶的汞

在北宋時期，茅山腳下的一個村莊裡住著一位土財主，他特別喜歡點石成金的故事，也希望自己能從石頭裡變出黃金，好擁有大量的錢財。

大家都知道土財主的心思，想笑他癡心妄想，又不敢吱聲，怕受到打擊報復。土財主為此想了不少辦法，他自己在家中支起一口大鍋，然後天天挖空心思研究煉金的方法。

他派人到處去山裡挖礦，可是挖回來的石頭總是煉不出黃澄澄的金子，這讓他非常灰心。

有一天，村裡來了一位道士，他一進村就徑直往土財主家裡走去。

土財主見家裡憑空冒出個道士，有點驚愕，還以為出現了什麼妖魔鬼怪，就誠惶誠恐地問道：「道長，別來無恙？」

道士捋著長長的鬍鬚呵呵一笑，說：「聽聞施主很喜歡煉金術，特來討教一下。」

土財主見來了一位同道中人，頓時興奮起來，搖頭晃腦地把自己如何鑽研，卻又屢屢失敗的事情原原本本告訴了道士。

哪知，道長居然哈哈大笑，責備道：「你也太貪心了！哪有石頭能煉出金子來的呀！要想煉金，不花點代價怎麼行？」

土財主一聽，知道有戲，急忙湊到道士面前，欣喜地問：「道長有好辦法？」那道士也不詳說，只讓土財主跟著自己來到煉金的大鍋旁。

他先叫土財主點燃大鍋，然後在鍋裡放入一些草木灰，接著，他拿出一塊銀白色的金屬，對土財主說：「施主看好，我現在將一塊銀子放進去，過會兒出來的，就會是一塊金子！」

土財主聽說他一心渴望的金子要出現了，立刻兩眼放光，站在大鍋旁目不轉睛地看著。大鍋燒了好幾個時辰，土財主也看了好幾個時辰，終於，木柴燒完了，道士也慢悠悠地從外面回來了。

土財主急忙拉住道士，激動地說：「道長！金子呢？」

「施主莫急！」道士微微一笑，用手在鍋裡一撈，居然真的撈出一塊閃閃發光的黃金來！

土財主喜不自勝，捧著金子連連讚嘆：「道長真是天神下凡啊！能否再幫我多變些金子？」

道士一口答應：「你家裡有多少銀子，我就能變出多少金子！」

土財主大喜過望，將自己積攢了一輩子的銀兩全數交給道士。哪知道士藉口要休息一晚，第二天天還沒亮就將所有的銀子悉數捲走。

土財主這才知道自己遇到了騙子，氣得一口鮮血湧到嘴邊，翻了兩下白眼，就一命歸西了。

其實，道士第一次「煉金」時所展示的金屬根本就不是銀子，而是一種叫「汞齊」的化合物。

道士將金子溶於汞中，得到了銀白色的汞齊，然後又加熱汞齊，使汞變成蒸氣，這樣金子自然就「煉」成了。

中國的古籍《天工開物》中說，水銀能將金、銀消化成爛泥狀，實則就是說汞能溶解金、銀，並形成汞齊。

汞齊被稱為軟銀，若汞的量不是很多，則汞齊為固態；若汞較多，則汞齊為液態。

煉丹圖

中國的煉丹術就將汞齊做為長生不老藥看待，可能是因為汞齊容易出現固態化合物的緣故。

汞的屬性如下：

俗名：水銀。

外形：室溫下為銀白色閃亮的金屬液體。

熔點：-38.87° C。

沸點：356.5° C。

密度：13.59 g/cm^3。

化學性質：能與大部分普通金屬形成合金，即汞齊；能與硝酸和熱濃硫酸反應。

毒性：微量液體汞一般無毒，但汞蒸氣與溶解度較大的汞鹽有劇毒。

作用：

1、在醫學上有助排泄，具有消毒的功效，汞齊能填補牙齒。

2、生活中可用於製造溫度計、汞蒸汽燈、殺蟲劑、防腐劑、水銀開關、望遠鏡和眉筆。

3、汞能冶煉金屬。

【化學百科講座】

真有點石成金的技術嗎？

若能點石成金，則「石」肯定是礦石，所以若想點石成金，則需要用汞來「點石」。

方法是：利用汞能與金形成汞齊的性質將黃金提取出來，然後加熱汞齊，汞變成蒸氣 後揮發，純淨的黃金就能出來了。

53 神奇的救命泉

人體不可或缺的礦物質

在一望無際的大草原上，生活著驍勇的蒙古人，在很久以前，蒙古大草原還是奴隸主統治的天下，奴隸們沒有地位，過著極為艱苦的生活。

有一天，一個蒙族王爺要去打獵，帶著一大群騎士，同時命令一個年方十五歲的奴隸做跟班，去撿那些中箭的獵物。

狩獵隊行走了許久後，終於在一片胡楊林裡發現了一隻梅花鹿，王爺立刻張弓射箭，隨著手起箭落，梅花鹿單膝跪地，眼看已唾手可得。

王爺大喜，連忙命令小奴隸：「快給我捉過來！」

小奴隸不敢怠慢，急忙向鹿飛奔而去。

但是此時，梅花鹿忽然踉蹌地站起，拼命向遠處逃去。

小奴隸暗叫不好，加快了步伐，可惜他畢竟年輕，跑不過那頭矯健的雄鹿，結果只能兩手空空、忐忑不安地回來了。

王爺怒不可遏，抬手打了小奴隸一鞭子，罵道：「一頭受傷的畜生都比你跑得快！你這個沒用的東西，還不如拖出去餵狼！」

蒙古貴族

還沒等小奴隸爭辯，王爺就下令打斷他的雙腿。

可憐的小奴隸痛得發出一連串哀嚎，整個草原死寂了一般，似乎都在為之動容。

侍衛們將斷了雙腿的小奴隸扔到野外，然後策馬離去。

小奴隸痛心疾首，他害怕一到晚上會有狼群出沒，到時自己可就沒命了。

可是又能怎麼辦呢？只好拖著鮮血淋漓的斷腿，在草原上無助地爬著，不知過了多久，竟來到一處泉水邊。

這時，一隻身上流著血的梅花鹿跑到泉水邊，往水中奮力一躍，洗起澡來。

小奴隸認出這頭鹿的傷口是箭傷，他頓時疑惑起來：為什麼這頭鹿一點也不虛弱，反而好像很有精神的樣子？

後來梅花鹿上了岸，顯得越發精神，奴隸更加好奇了，忍不住用雙手捧起泉水，喝了幾口。

泉水非常甘甜，令他頓時感覺精神一振，似乎痛楚減輕了許多。

小奴隸興奮起來，又喝了好幾口泉水，然後掬起泉水淋到自己的傷口上。

該是小奴隸命大，他在夜晚並沒有遇到狼群，而在白天他又不斷用泉水清洗傷口，就這樣過了半個月，他的斷腿竟奇蹟般地痊癒了！

這便是蒙古人流傳至今的阿爾山寶泉的故事，而「寶泉」之所以有這種神奇的功效，全因水裡含有對人體有利的眾多礦物質，如鈣、鐵、鋅、鉀等。

這些也是人體必需的元素，有了它們，人才能茁壯健康地成長。

人體裡的元素有很多，分為巨集量元素和微量元素。佔人體總重量的萬分之一以上的元素，就是巨集量元素，如碳、氫、氧、磷、硫、鈣等；而萬分之一以下的元素就是微量元素。

目前已知的與人類健康有關的微量元素有十八種，其中必需的微量元素有八種，分別是：鐵、銅、鋅、鈷、鉬、硒、碘、鉻，這些元素維持著人體的新陳代謝，極為重要。

【化學百科講座】

人體礦物質的作用

氧：是人體含量最多的元素，在礦物質中佔百分之六十五，能促進血液循環。

鈣：強壯骨骼、調節心跳頻率和加速血液凝固。

鐵：輸送氧氣，缺少它人就會貧血。

鋅：能防止動脈硬化、抗癌，缺少它人容易得侏儒症、皮膚病。

鈉：維持體液平衡。

氟：促進血紅蛋白的形成，同時促使鈣在骨骼和牙齒中積聚。

碘：可預防甲狀腺腫大。

鎂：可使肌肉有彈性。

硒：能使人長壽，預防疾病。

鉬：能促進牙齒的礦化，預防齲齒。

第三章

神祕莫測的化學作用

54 當狼愛上羊

神奇的氯化鋰

狼是一種十分凶殘的動物，常組成群體對人或其他動物進行攻擊，即便是有經驗的牧民，也對狼心存畏懼。

這種心理可以從古代的寓言和童話故事中看出來，比如中國的《狼來了》，國外的《小紅帽》，都對狼的貪婪和凶惡本性有淋漓盡致的揭露。

在北美的中部，有著廣袤無垠的草原，當地水草美肥，羊成長得格外迅速，因而狼群也從未缺過口糧。

當地的牛仔對狼群真是恨之入骨，他們勤練騎術和射擊，一看到狼就恨不得殺之而後快。

一開始，狼並不知道火藥的威力，被射殺了很多，可是後來這些野獸竟然學聰明了，懂得躲避彈藥的攻擊，這使得人們對狼的捕殺就更困難了。

由於不敢到遠一點的地方去放牧，時間一長，牛仔們聚集的地方環境就沒那麼好了，牛羊因為草料不足，比過去瘦了一大圈，讓牛仔們很著急。

有一個勇敢的牛仔不想被狼嚇住，就趕著他的牛羊去了遠方，結果當晚他回來時臉色慘白，腿也斷了一條，剛到鎮上就昏了過去，而他的牛羊也少了好幾隻。

從此，再也沒人敢去危險的地方放牧了。

可是牧民以放牧維生，若不能將牲畜餵養得很好，還怎麼維持生計呢？

一時間，牛仔們個個愁眉不展，不知如何是好。

一個見多識廣的牛仔這時提議道：「不如我們去請政府來幫我們想想

辦法吧！」

其他人抱著試一試的心情同意了他的想法。

於是，大家聯名給州長寫信，請求州長幫忙應對狼群。

州長非常重視這件事情，找了幾個科學家，委託他們解決問題。

幾天後，科學家們來到了草原，他們並沒有設置陷阱，也沒有改善槍枝彈藥，而是拿著一桶桶的肉，到處往草原上扔。

牛仔們啼笑皆非，揶揄道：「他們不會是想把狼餵飽，好讓狼以後不來吃羊了吧？」

沒想到，狼後來真的不再吃牛羊了！

牛仔們嘖嘖稱奇，不明白究竟是何道理。

這時，科學家告訴他們，那些扔到草原上的肉裡加入了氯化鋰，狼吃了以後會很快因消化不良而肚子脹痛，只要多給牠們吃幾次氯化鋰，狼就會慢慢戒掉吃牛羊肉的習慣了。

更妙的是，母狼如果不吃什麼東西，牠的幼崽就會跟著學習，也迴避那些東西，所以狼群吃牛羊的傳統從此就要被改寫了。

牛仔們聽完恍然大悟，一再對科學家表示感激，有了氯化鋰後，狼再也不會對牛羊造成威脅，當地的畜牧業得以發展壯大起來。

氯化鋰是鋰的化合物，屬性如下：

外形：白色的晶體。

熔點：605° C。

沸點：1350° C。

化學性質：遇水即溶，溶液呈中性或微鹼性；在遇到乙醇、丙酮、吡啶等有機溶劑時也會發生溶解，不過它很難溶於乙醚。

作用：可製造出金屬鋰；用作焊接材料和水泥原料；可用於生產鋰錳電池的電解液；可做乾燥劑、助溶劑和催化劑。

【化學百科講座】

曾被當成食鹽的氯化鋰

在飲食界，氯化鋰還曾經有一個重要用途：二十世紀二〇年代，它曾做為食鹽的替代品。

可是後來人們發現，食用氯化鋰後會產生多尿、煩躁、嗜睡、胃腸道不適等多種症狀，便停止了對氯化鋰的服食。

原來，氯化鋰有毒性，能影響人的中樞神經，雖然可做為抗精神病的藥品，但絕對不能當調味料食用。

55 巧藏諾貝爾獎章

王水騙過納粹追捕

尼利斯·玻爾是二十世紀最重要的物理學家之一，關於他有很多趣聞，比如說他是丹麥國家足球隊的守門員，並參加了一九〇八年的倫敦奧運會，獲得了銀牌。

然而事實並非如此，玻爾雖然酷愛足球卻沒有那麼輝煌的體育業績。

不過，最著名的趣聞還是和他的諾貝爾獎章有關。

玻爾在一九二二年獲得了諾貝爾物理學獎，後來因為德國佔領了丹麥，他被迫離開自己的祖國。

臨走之前，玻爾並沒有把自己的諾貝爾獎章帶走，而是用王水將獎章溶解，放在了實驗室。

第二次世界大戰之後，玻爾回到丹麥，將黃金從王水中提取了出來，重新鑄成獎章。

其實，玻爾的獎章並沒有被溶解，溶解獎章的也不是玻爾。

原來，在第二次世界大戰期間，德國的諾貝爾物理學獎得主馮·勞厄和弗蘭克同時得到消息說，納粹政府要沒收他們的諾貝爾獎章。

當時，馮·勞厄因激烈反對納粹而受到納粹攻擊，弗蘭克則因為是猶太人而於一九三三年離開德國到美國避難。

尼利斯·玻爾

對把榮譽看得比生命還重要的他們而言，無疑是不可接受的。

在離開德國之前，他們便輾轉來到丹麥，將他們的獎章交給玻爾實驗室代為保管，以避免納粹員警的搜捕。

後來，納粹德國佔領了丹麥，那兩枚獎章再次陷入危險之中。

為了避免被納粹員警搜走，匈牙利輻射化學家喬治·德·赫維西用王水將兩人的獎章溶解，然後把裝著溶解液的瓶子放在玻爾實驗室的架子上。

果然，前去搜查的納粹士兵沒有發現這一祕密。

戰爭結束後，「消失」在王水裡的黃金還原後被送到了諾貝爾獎總部——瑞典斯德哥爾摩斯。相關人員在進行充分調查取證後，很快複製出了兩枚跟原來一模一樣的獎章，並物歸原主。

對黃金稍有瞭解的人都知道，它的化學性質很穩定，即便是有強腐蝕性的硫酸，都拿黃金一籌莫展。然而用濃硝酸和濃鹽酸按一定比例混合而得到的王水，卻能夠溶解黃金，可見王水的威力。

雖然玻爾溶解獎章的事情純屬張冠李戴，但是玻爾的貢獻和人格魅力是毋庸置疑的。他在哥本哈根的玻爾實驗室，成了猶太科學家們的避難所。而且最後，他也來到美國，參與了原子彈的製造，為打敗法西斯貢獻了自己的力量。

玻爾天資聰穎，上帝彷彿也特別青睞他，讓他在逃離丹麥時兩次從鬼門關前逃過：

第一次：德國佔領丹麥後，德國物理學家海森堡立刻去丹麥與玻爾切磋學術理論，結果海森堡激怒了玻爾，讓玻爾動了離開丹麥的念頭，因此使他避免了被德軍扣留的悲劇；

第二次：他在逃亡期間，從瑞典坐了一架小飛機去英國。由於怕被德軍發現，飛機的飛行高度非常高，結果玻爾不知是因為忘帶氧氣罩還是面罩尺寸不合適，竟暈倒在飛機上，幸而落地後他恢復了知覺。

【化學百科講座】

王水為何能溶解黃金？

王水是一種溶解性特別強的溶液，是濃鹽酸和濃硝酸的混合物，體積比為三比一。

王水是少數幾種能溶解金子的酸，這是因為它含有高濃度的氯離子，能與金離子形成穩定的絡離子，所以黃金在王水中能被溶解。

56 曾是奪人性命的殺手

火柴的發明

在現代社會，火柴是很尋常的東西，而且也有很多代替它的物品，如打火機，而火柴原有的用途也逐漸被淡化，成了一種身分的象徵：當一個紳士點燃一根雪茄時，劃一根長火柴，盡顯優雅與奢華。

一八二六年，英國一個叫沃克的醫生突發靈感，他利用摩擦生熱的原理製造了歷史上的第一根火柴。

沃克將樹膠混合水後產生的膏狀硫化銻，與硫化鉀一同塗抹在火柴梗上，然後用砂紙夾住火柴梗，一拉，火就點燃了。

不過砂紙是用手捏的，意謂著一不小心，火燃起來了，手也燒著了，而且火柴梗上的化合物不能塗抹得太少，否則火就燒不起來，所以人們還是很苦惱。

四年後，法國的化學家索里爾在研究白磷時靈機一動，他將白磷製成了火柴頭，然後在砂紙上摩擦就能點火了。

索里爾讓其他人試用自己發明的新型火柴，得到了一致好評，於是這種白磷火柴很快就在人群中風靡起來。

某個晚上，巴黎的一家雜貨店裡突然冒起濃煙，繼而濃烈的火光從屋裡冒出來，將大半條街道的上空映得通紅一片。

警方懷疑有人縱火，趕緊介入調查。

結果令所有人驚訝：縱火犯竟然是隻老鼠！

原來，老鼠在啃火柴的時候，居然也摩擦生熱，讓火柴著了火。因為白磷特別容易自燃，所以才會發生這起災難。

此事發生後，不免人心惶惶，人們對火柴進行了嚴密的儲存，以防自己也遭遇此等災禍。

但隨後而來的一件事讓人們再也不能鎮定了：一個火柴廠工人的頷骨爛掉了，最後不幸身亡。

醫生分析了病因，認定：是白磷在燃燒時放出了毒煙，導致這個年輕工人磷中毒而死。

消息傳開後，民眾無法控制內心的緊張情緒，因為他們就天天在與白磷的毒煙為伍，而且他們一天點燃火柴的次數還不少！

一時間，沒人敢用火柴了，但如此一來，怎樣生火呢？

就在大家一籌莫展之際，一九五二年，瑞士的製造商倫德斯特羅姆終於製造出了一種安全火柴。

他把無毒的紅磷取代白磷塗在火柴盒上，然後將硫化物製成了火柴頭，這樣，火柴頭必須和火柴盒進行摩擦，才能生火，相對以往的火柴而言，真的是安全很多。

從此，火柴才真正成為讓人們放心的物品，而曾經要人性命的白磷火柴，也在十九世紀末退出了歷史舞臺。

其實在中國的南北朝時期，已經出現了火柴的雛形。

當時的中國人將硫磺塗在小木棍上，然後將木棍湊到火種旁邊，便可取火。

後來，他們又用這種木棍置於火刀火石旁，只要有一絲火星出現即能燃燒。

到了南宋，杭州城的大街小巷到處都有兜售火柴的小販。那時的火柴是一片一片薄如紙張的松木，松木的一頭塗有硫磺，名曰「發燭」、「粹兒」，可惜沒有發展得起來，否則近代中國的火柴就無需從西方引進了。

【化學百科講座】

現代火柴的生產步驟

1、先將原木切成每支厚約二・五毫米的木條。

2、將木條浸於碳酸銨中，確保火柴枝不會悶燒。

3、將火柴枝的末端浸入石蠟中，石蠟可 助火焰將火柴枝燒盡。

4、將火柴頭浸入含硫磺和氯酸鉀的混合物中，硫磺產生火焰，氯酸鉀則提供氧。

5、在火柴匣的兩邊塗上紅磷即可，若是一擦即著的火柴，火柴匣的摩擦面則由玻璃砂紙或含砂樹脂製成。

57 煉丹不成反煉豆腐

淮南王的陰差陽錯

豆腐是中國自古以來的美食，以水潤滑嫩的口感聞名於世，在當代的食譜裡，以豆腐為食材的菜色有很多，如：麻辣豆腐、麻婆豆腐、大煮干絲等，人們對它的喜愛程度可見一斑。

那麼，豆腐到底是何人發明的呢？

李時珍在《本草綱目》中說：「豆腐之法，始於漢淮南劉安。」

而在民間，廣泛流傳著劉安煉丹不成錯煉豆腐的故事，還衍生出「劉安做豆腐——因錯而成」的俏皮歇後語。

西元前一六四年，劉邦的孫子劉安被冊封為淮南王，建都壽春。

劉安是個有理想的人，他的理想就是煉成長生不老仙丹，讓自己延壽萬年。

為此，他豢養了數千名食客。

食客文化源於春秋時期，那時候的有錢貴族都會養一批謀士或能人，最起碼能顯示出身家的不俗。

漢高祖劉邦

劉安喜歡煉丹藥，自然希望能招募到一批身懷絕技的煉丹師，於是在他的重金之下，蘇菲、李尚等八位學識淵博的術士就成了劉安的得力助手，俗稱「八公」。有一次，劉安又開始琢磨起煉丹的新方法了，他將黃豆加水磨成豆汁，然後將豆汁倒入丹爐中，添火加熱起來。

正巧這時，八公拿著各種煉丹材料，

跑過來看新法的進展。

不知是誰手上拿了鹵水，在探頭看豆汁的時候，將鹵水滴進了丹爐中卻渾然未覺，結果待火熄滅之後，劉安一揭開爐蓋，頓時目瞪口呆！

他看到了一整爐的白色固體，不禁用手碰了碰爐裡的東西，發現這東西軟綿綿的，很像女人的皮膚。

「你們快過來看，這是個什麼東西？」劉安忍不住大聲叫起來。

八公趕緊湊上前去看。

大家面面相覷，他們以前煉出來的，都是黑色小藥丸，和這次完全不一樣。

「不會有毒吧？」有人遲疑地說。

眾人沉默了片刻，素來自詡瀟灑的李尚昂著頭，大聲說：「怕什麼！我來嚐嚐！」

他用顫抖的右手抓起一小塊白色固體，猶豫了一下，就閉著眼將那軟軟的東西送進嘴裡。

眾人都驚駭住了，他們瞪大眼睛等待著李尚的慘叫。

終於，李尚叫了起來，但他的聲音一點也不慘，而是充滿感嘆：「真乃天下美味也！」

劉安等人的恐懼之情一下子煙消雲散，大家都開始品嚐起爐子裡的東西，旋即讚嘆不已。

就這樣，豆腐陰差陽錯地被發明出來了，它能為人體提供大量的蛋白質，因而受到全世界人民的歡迎。

雖然劉安是豆腐始祖的說法遭到一些學者的質疑，但劉安在《淮南子》一書中確實提到了豆腐，而至今尚未有其他人發明豆腐的記載出現。

八公錯製豆腐的關鍵就在於「點鹵」。點鹵是指將鹽鹵、石膏或葡萄糖酸內酯放入煮熟的豆漿中，達到讓豆腐凝固的效果。

鹽鹵的基本成分是氯化鎂，石膏是硫酸鈣，而葡萄糖酸內酯則是轉化後的澱粉。

現代人還創新了豆腐的製法，將天然蔬菜汁或果汁放入豆漿中，製成彩色豆腐，這種豆腐既保存了蔬果的纖維質，又利於人體吸收，可謂一舉多得。

【化學百科講座】

成也豆腐，敗也豆腐

豆腐含有多種維生素和礦物質，如鐵、鎂、鉀、銅、鈣、鋅、維生素 B_1、葉酸等，所以營養極高。

但它也有缺點，有些人不能亂吃。

缺點：豆腐中的植物蛋白質會在人體中變為含氮廢物，加重腎臟負擔；豆腐中的蛋白質影響人體對鐵的吸收，且容易引發消化不良；豆腐含蛋氨酸，會促使動脈硬化，這是美國醫學家的說法；豆腐含皂角 ，能預防動脈硬化，但會讓人體缺碘，這是中國專家的說法。

58 遭到恥笑的魏明帝

西域的火浣布

在西方童話中有一個故事：

一個被哥哥排擠出國的王子，在十年後回到家鄉，對父王說自己有一塊用火燒不壞的布。

壞心眼的哥哥不相信，就嘲笑道：「如果你的布燒不壞，我情願將王位繼承人的位子讓給你！」

結果，聰明的小王子拿出一塊布，往火裡一扔，布果然在火中毫髮無損，大哥氣得直翻白眼，卻一句話也說不出來。

那塊布就是如今的石棉布，在中國古代，也叫火浣布。

在中國，也有像童話中這位哥哥一樣搬了石頭砸自己腳的貴族，他就是魏明帝曹叡。

火浣布在中國周朝就已投入使用，人們對這種怎麼燒都燒不壞的布感到驚奇，《沖虛經》中有記載：「火浣之布，浣之必投於火，布則火色，垢則布色。出火而振之，皓然疑乎雪。」

後來，這種布不知怎的傳到了北方，頗受韃靼人青睞，便被製成防火服，在西域與北疆流行開來。

而在中原地區，到了東漢末年，群雄紛爭，異族侵犯，火浣布居然不知了去向。

俗話說，三人成虎，由於太長時間沒見到火浣布，就有人覺得世間不會存在火浣布這種東西，說的人多了，大家就真以為它不存在了。

在三國時期，一個叫王肅的學者首先寫了一篇論文批判火浣布，遂成為第一位勇敢的「打假鬥士」。結果魏文帝曹丕一看，不高興了，原來他也認為火浣布是假貨，沒想到卻被王肅這小子爭了功，心裡很不平衡。

於是，曹丕搞出了更大的動靜，他也洋洋灑灑地寫了一篇論文，且引經據典，從古代一直論述到當前，最後用異常堅定的語氣告訴國民：火浣布，我說沒有就沒有！

結果，做為大孝子且盲目崇拜親爹的魏明帝就這樣被親爹給害了。

曹叡繼位後，為了宣揚父親的「豐功偉績」，命人將曹丕的論文鑄刻在廟堂、學校的門外，好讓世人永遠記得曹丕的偉大論證。

誰知道，他剛為曹丕做了宣傳推廣工作，西域就派來了使者進貢，而貢品正是他一直否定的奇物——火浣布。

魏明帝面紅耳赤，他趕緊下令將曹丕否定火浣布的文字撤走，但已經來不及了，所有人都在嘲笑他的愚昧無知，至今仍有很多野史記錄下了當時的爆笑過程。

石棉布是以石棉做為主要原料的布匹，因而具有耐高溫的化學性質。

石棉的成分是矽酸鹽類礦物質，呈纖維狀排列，具備了絕緣、耐熱、耐火的特性，但並非絕對不怕高溫，在溫度超過七百度時，它的纖維結構會遭到破壞，最後變成粉末。此外，石棉雖然延展性較好，但很怕折疊，折皺後它的韌性會變差。

魏文帝曹丕

按照礦物成分，石棉主要可分為蛇紋石石棉和角閃石石棉兩類，前者因由二氧化矽、氧化鎂和結晶水構成，所以很怕酸液腐蝕；後者則性質穩定，還能過濾毒物和空氣。

【化學百科講座】

石棉布如何製成？

石棉的纖維長度一般為三至五十毫米，不過世界最長的石棉纖維在中國，為二・一八米。

只要石棉纖維超過八毫米，再與百分之二十到百分之二十五的棉紗混合，就能製成石棉布了。不過石棉的粉塵被人吸入肺裡，容易致癌，所以其使用量受到了人們的嚴格控制。

59 啤酒廠裡的意外收穫

風靡世界的蘇打水

啤酒是人類歷史的最古老飲料之一，早在幾千年前，古巴比倫人就有關於啤酒製作方法的記載。

到了近代，有一位名叫約瑟夫．普里斯特里的英國化學家從啤酒身上得到啟示，發明了一種如今風靡全球的飲料——蘇打水。所以換個角度講，蘇打水還是啤酒的孿生兄弟。

蘇打水，無非就是加了二氧化碳的水，但是在十八世紀，大家還不知道二氧化碳的概念，所以普利斯特里能發明蘇打水，簡直堪稱奇蹟。

普利斯特里的脾氣不好，但勝在肯鑽研、愛讀書、好遊歷，一七六六年，他在結識了美國的科學家佛蘭克林後，就瘋狂地迷上了實驗科學。當時他對電學產生了興趣，出版了一本關於電學的書，正當他以為自己將成為一個電學專家時，命運卻把他推到了另一條路上。

幾年後，他搬到英格蘭的里茲居住，在他的寓所隔壁是一家啤酒廠，普利斯特里大概是喜歡喝酒，所以他總往啤酒廠裡跑，這一來二去，便有了發現。

他經過研究後意識到，穀物發酵後產生的空氣就是燃素論專家布萊克所說的「固體空氣」，為了證明自己的結論，他更加勤奮地把啤酒廠當成了自己的「據點」，恨不得把整個實驗室都搬到廠裡去。

於是廠裡的工人一看到他，就開玩笑道：「大科學家，又來喝啤酒啦？」

普利斯特里冷著一張臉，不吭聲，他暗想，等我把實驗做出來就馬上走，現在就讓你們笑吧！

當然，誰也沒有嘲笑他，是他自己覺得彆扭罷了。

隨著研究的進行，普利斯特里將二氧化碳充入了純淨水中。

前面都說了普利斯特里是個貪杯的人，現在他礙於面子不能喝啤酒，就忍不住想喝自己研製的二氧化碳水。

他是化學家，知道這種水沒有毒，但進入人的身體裡，會不會出現意外情況也說不定。

普利斯特里不愧是個膽大的人，他沒有猶豫，仰起脖子，將含了二氧化碳的水一口喝了下去。

「真好喝！」喝完後，普利斯特里眼睛一亮，他覺得自己的心情也隨著喝下去的那杯水舒爽了起來。

他認定自己發明的是一種能使人心情愉悅的飲料，於是又進行了加工，並在一七七二年將這種飲料取名為「蘇打水」。

蘇打水一經問世，大受好評，英國海軍立刻將蘇打水做為軍艦上的飲料，這讓普利斯特里獲得了更多的讚譽。

普利斯特里是雙魚座，千萬不要以為雙魚座很溫柔，其實這個星座出了不少的叛逆者，比如涅槃樂隊的主唱科特・柯本就是個鮮明的案例。

普利斯特里也很叛逆，他本來由富裕的姑媽照顧，卻背著姑媽跟基督徒來往，結果惹得姑媽十分生氣。普利斯特里索性一不做二不休，徹底與姑媽作對，也不去當牧師了，一心往科學事業上發展。

值得一提的是，普利斯特里並非科班出生，他在化學上的研究全靠自學成才，所以他無法像專業化學家那樣樹立一個正確的科學世界觀，只能在前人的理論基礎上進行補充論證。

【化學百科講座】

氣體大師普利斯特里

普利斯特里發現了很多氣體，遠超同輩的任何專家，值得人敬佩。

氧氣：一七七一年，他發現了氧氣，且是第一位發現氧氣的人；

氫氯酸：在水銀表面收集而得。

二氧化碳：一七七二年，他發現了二氧化碳，且發明了收集氣體的排水法。

一氧化氮、氮氣：他將銅、鐵、銀等金屬與稀硝酸進行反應製得。

二氧化氮・氧化亞氮：將銅、鐵、銀等金屬與濃硝酸進行反應製得。

60 一個作家拯救了數萬士兵

鯊魚的剋星

世界著名文學大師海明威曾寫過一部享譽中外的小說《老人與海》，故事講述一個年邁的老人是如何孤身一人釣到一條大魚的。

這個老人的身上很明顯帶有海明威的影子，但讀者可能不知道的是，海明威不僅寫作水準高超，他的釣魚技術同樣不凡，尤其在捕鯊方面，連軍人都望塵莫及。

海明威在閒暇時間喜歡垂釣，由於捕鯊是件費體力事情，不可能時常做，所以他更喜歡獨自拿著釣竿，去海邊釣一些小魚來增添一些情趣。他的家就在大海邊上，平時步行到海邊也不過半個小時。

一天，當海明威悠閒地來到海邊，還沒來得及放下裝魚的水桶，就有漁民慌慌張張地對他說：「你快回去吧，海裡出現了鯊魚！」

海明威覺得很奇怪，他遲疑地說：「以前我經常來這裡，沒看見有鯊魚啊！」

「哎呀！你不知道！」漁民見海明威一副心不在焉的樣子，不由得焦急萬分，跺著腳說，「昨天剛出現的，還差點咬了人！」

「這樣啊！」海明威心想，昨天他有事沒來，所以沒看見鯊魚，也許這裡真的有危險。

於是，他只好悻悻地拿著魚 具回家了。

可是他又不甘心，如果鯊魚一天不走，他就一天不能釣魚了嗎？

海明威決定要親手驅趕鯊魚。

根據自己以往在捕鯊中得到的經驗，他知道有些化合物會令鯊魚避而遠之，於是就動手試驗起來。

他準備了兩塊肉，一塊注入了硫酸銅，另一塊則什麼也沒注射，然後他將兩塊肉用網線鉤好，放到海面上。

隔了一天，海明威再去看那兩塊肉，他高興地發現，自己的猜測是對的，鯊魚將沒有注射硫酸銅的肉吃了個精光，而那含硫酸銅的肉依舊完好無損，看來鯊魚很討厭硫酸銅。

有了這個好辦法，海明威就不怕鯊魚的突然襲擊了，他每次釣魚時都在衣服上塗抹硫酸銅，果然每一次都安然無恙。

大家在得知這個好辦法後，也跟著效仿起來。

最後，連美國的軍隊都得知了硫酸銅可以趕跑鯊魚，長官們不由得激動萬分。

原來，在第二次世界大戰期間，海軍的艦船一旦被毀，無數船員只能跳到海裡逃生。可是海裡的鯊魚異常凶猛，而且在血腥味的召喚之下，不一會兒令人膽寒的鯊群就蜂擁而來，讓無數士兵丟了性命。

好在有了硫酸銅後，鯊魚倒了胃口，不再糾纏那些海軍了。

海明威做夢也想不到，自己一個小小的發現，竟然拯救了數以萬計士兵的性命。

硫酸銅為何讓鯊魚避而遠之？看過它的屬性你就會瞭解了——

名稱：無水硫酸銅（不含水時）、五水合硫酸銅（含水時）。

顏色：白色（不含水

海明威與家人

時）、天藍色（含水時）。

形態：粉末（不含水時）、結晶體（含水時）。

毒性：性寒；有毒，不可服食。

作用：可提煉精銅、與石灰水混合在一起可以製成殺菌劑，用來為果實除菌。

因為硫酸銅中含有大量的銅離子，對魚尤其有害，一點點量就可以置魚於死地，所以鯊魚才害怕硫酸銅。

【化學百科講座】

海明威是如何製備硫酸銅的？

其實很簡單，首先，他取一些銅塊，浸入雙氧水中，配置出銅的化合物，然後將不純的化合物放入稀硫酸中，除去鐵等雜質，就能得到高純度的硫酸銅了。

61 天神的憤怒

戰船上的神祕之火

兩千多年前，羅馬人建立了羅馬帝國，以地中海為中心，稱霸亞歐非大陸，令周邊國家聞之膽寒。

有了龐大的軍事實力，羅馬的統治者越發驕傲，他們不滿足於現有的領土範圍，渴望能將自己的觸手伸向神祕的東方。

有一次，一個阿拉伯國家派使者來向羅馬帝國進貢，羅馬的最高執政官在會見使者時，故意邀請對方試一把精美的匕首。

結果使者不明就裡，欣喜地接過了鑲滿珠玉金銀的刀具，只聽執政官大喝一聲：「刺客！」一把長劍就穿透了使者的胸膛，殷紅的鮮血如小溪般，嘩嘩地流向了鋪著羊毛地毯的地面上。

瀕死的使者這才明白自己遭了暗算，他圓瞪雙眼，只來得及說一句「安拉會懲罰你的！」就死去了。

安拉是伊斯蘭教的最高神祇，是使者所在的阿拉伯國家的守護神，但是，羅馬執政官並沒有將使者的話放在心上，他聲稱那個阿拉伯國家對羅馬不敬，然後派遣了大量的戰船和士兵，對其發起了進攻。

羅馬人知道自己的實力無人能敵，因此十分得意，他們的船行駛在地中海上，一路竟無人敢出海與他們對抗，這更加讓羅馬人心生驕傲。

十幾天後，眼看著船隊就要接近紅海，羅馬士兵們也躍躍欲試地準備登陸了。在一個烈日當頭的正午，突然之間，船隊中最大的一艘補給船冒出了滾滾濃煙，船身瞬間被巨大的火焰所包圍。

「怎麼回事？快救火！」羅馬統帥當下心中一驚，旋即鎮定下來，命令全體士兵撲滅大火。

當天，船隊沒能再前進一米，火災的事情搞得大家精疲力竭，每個士兵心裡又驚又疑，都不知這把奇怪的火是怎麼產生的。

統帥在晚餐時分將他所能想到的縱火嫌疑人都叫過來一一問話，但是，無論他怎麼盤問，都查不出任何放火的證據。

難不成這火是自己燒起來的？

統帥有些害怕，連忙命令船隊禁止前行，又派信使去通知羅馬執政官，彙報了這一情況。

執政官接到信後，同樣是震驚萬分，此刻，他的眼前彷彿出現了那個被他殺害的阿拉伯使者，使者口吐鮮血，咬牙切齒地詛咒道：「安拉會懲罰你的！」

「啊！」執政官大叫一聲，瘋狂地用雙手敲著自己的太陽穴，心中的恐懼感越來越強烈起來。

最終，執政官因為害怕天神的懲罰，下令收回成命，讓羅馬戰船原路返回。

遠在東方的阿拉伯國家聽到這個好消息，都興奮不已，激動地說：「安拉憤怒了，祂來保護我們了！」

這真的是天神顯靈？

當然不是。

科學家們發現，這是一起化學自燃現象。

原來，那艘補給船的底艙堆滿了草料，由於草料過多，導致空氣不夠，草料就開始緩慢地氧化，同時放出了熱量。當熱量足夠多的時候，溫度上升，一場大火就產生了。

其實自燃現象並不少見，比如夏天放置在車庫外的汽車就可能會自燃，那是因為一般的可燃物質在空氣中都會發生緩慢的氧化反應，也因此放出一些熱量，當熱量聚積到一定程度，達到可燃物的著火點時，就變成了燃燒。

怎樣才能防止自燃現象呢？

辦法有兩個：一是隔絕空氣，在缺氧的條件下可燃物無法燃燒；二是散熱，將可燃物氧化後散發的熱量排出，就能阻止自燃現象的發生了。

【化學百科講座】

新疆火焰山——龐大的自燃群落

在新疆，有一座綿延一百多公里，海拔達五百公尺的大山，這就是《西遊記》中大名鼎鼎的火焰山。

火焰山最高溫度達四十七・八度，能烤熟雞蛋，因為溫度太高，整座山寸草不生。

其實火焰山就是自燃現象的一個鮮活的例子——

在火焰山下，有著豐富的煤礦資源，這些地底下的煤長期自燃，讓火焰山成了一座溫度極高的山。如今煤礦區的工作人員已經在實施滅火措施，大約再過幾年，火焰山就看不到火焰了。

62 蜘蛛吐絲的啟示

人造絲的產生

為什麼蜘蛛吃下去的是昆蟲的體液，吐出來的卻是亮晶晶的絲呢？

這就跟牛為什麼吃的是草，擠出來的是奶的問題一樣，困擾著人們的心。

三百年前，法國人H．布拉孔諾也曾為這個問題而冥思苦想過，他的好奇心特別強，幾乎是在童年時代，就經常觀察蜘蛛吐絲結網，渴望弄清楚蛛絲的由來。後來，他長大成人讀了大學，仍舊對蛛絲的生成一無所知。

有一天，他惘然若失地看著辛勤「佈陣」的蜘蛛，忽然產生了一個念頭：既然蜘蛛能吐絲結網，人類為何不學蜘蛛也造出絲來呢？

想弄明白蛛絲是怎麼來的很困難，但想造出絲來或許會簡單許多。

布拉孔諾一頭栽進實驗室，開始進行他偉大的人造絲實驗。

他試了很多種辦法，而實驗的主要對象則是棉花。

自古以來，棉花就是重要的紡織材料，布拉孔諾認定棉花中的粗纖維可以被打造成更細的線，這就是他想要的人造絲。

皇天不負苦心人，經過多番失敗，布拉孔諾終於有了成果。

他用硝酸處理棉花，這樣就得到了硝酸纖維素，然後將纖維素溶解在酒精裡，使其變成黏糊糊的液體。接下來，液體在透過玻璃細管時讓酒精揮發，就這樣，世界上第一根人造纖維誕生了！

「成功了！我的夢想終於實現了！」布拉孔諾興奮地大喊，此刻他在心中不斷感謝那些蜘蛛，他覺得正是這些默默無聞的小動物，才讓自己有了今日的成就。不過，布拉孔諾製出的人造絲有個很大的缺陷，那就是太脆弱了，還很容易燃燒，製作成本昂貴，根本沒辦法拿來紡織。

後來，科學家對布拉孔諾的人造絲做了改進，他們將高價的棉花換成了廉價的木材，再將木質纖維素溶解在燒鹼和二氧化硫裡，這樣造出的絲就比原來的結實多了，而且穿起來舒適、透氣性強，能被製成各種布料。

直到這時，人造絲才被廣泛用於人們的日常生活。

在它誕生後的三十年裡，佔據了紡織市場的十分之一，足見其受歡迎程度，而這一切，都是蜘蛛的功勞。

儘管科學家發明了人造絲，但人們還是不太滿意，因為第二代人造絲受潮後就變得不結實了，還會縮水。

為了使人造絲更加耐用，科學家隨後又實施了多種改進措施：

第三代人造絲：氯綸。用煤、鹽、水和空氣為原料製成，學名叫聚氯乙烯纖維。

第四代人造絲：尼龍。這是最早的合成纖維，學名叫聚醯胺纖維；

第五代人造絲：滌綸（聚酯纖維）、晴綸（聚丙烯腈纖維）、維綸（聚乙烯醇縮醛纖維）。這三種都是重要的合成纖維，它們的手感都很不錯，常被製成各式衣物。

第六大人造絲：丙綸（聚丙烯纖維）：最輕的合成纖維，可被製成飛機上的毛毯、宇航服等。

【化學百科講座】

纖維是什麼？

概括地講，纖維就是由連續或不連續的細絲組成的物質。

纖維分為兩大類：天然纖維和化學纖維。

天然纖維分為：植物、動物和礦物纖維，可直接獲取。

化學纖維就是人造纖維，需用透過各種科學實驗將聚合物進行拉伸、牽引、定型後取得纖細而有韌性的細絲。

63 防偷吃造就的殺菌劑

波爾多葡萄的遭遇

波爾多葡萄酒是舉世聞名的一種葡萄酒，因產於法國西南一個名叫波爾多的港口而得名。

不過要說到讓這類酒魅惑眾生的功臣，當屬該地產的波爾多葡萄，正是這些葡萄的獨特香氣和甜度，才賦予了波爾多葡萄酒獨特的味道。

可是在一八七八年，波爾多市卻遭受了一場嚴重的天災，這場災難幾乎讓波爾多葡萄絕收，若人們沒有採取措施，很可能就不再有今日的波爾多葡萄酒了。

那一年，波爾多各大莊園裡的葡萄藤染上了病毒，葡萄的葉子逐漸出現黃色的黴斑。

一開始，人們沒留意，以為只是簡單的蟲害，誰知後來黴斑越來越大，繼而葉子整片整片地掉落，很快，整根葡萄藤竟無法再繼續生長。

彷彿在一夜之間，眾多的葡萄莊園從鬱鬱蔥蔥的綠色齊刷刷變成了死氣沉沉的灰色。

眼看著一年的收成泡了湯，莊園主們特別著急，趕緊去請農學家查明原因。

農學家很快告知莊園主，當地的葡萄染上了一種名叫「黴葉病」的植物病毒，如果不及時治療，很可能來年也會顆粒無收。

莊園主們頓感如雷轟頂，他們根本就無計可施，因為當時根本就沒有一種有效的藥劑能對付黴葉病，更何況，很多人都不知道黴葉病到底是什麼。

這一年，大家都在唉聲嘆氣，覺得自己是最不幸的人。

可是，一個名叫米拉德的大學教授卻注意到了一個奇怪的現象，而正是他的發現幫助莊園主擺脫了黴葉病。

米拉德在經過一條公路的時候，看到公路兩旁的葡萄樹長勢極好，似乎再過不久就要結籽了。

他不禁疑惑萬分：不是所有的葡萄都掉光了葉子嗎？怎麼這裡的葡萄卻是完好的？

於是他湊到一根葡萄藤下細細查看，發現這些葡萄的葉子上塗抹了一層藍白相間的粉末。

米拉德覺得事有蹊蹺，就四處打聽情況。後來得知，這些葡萄歸一個叫埃爾內斯特·大衛的莊園主所有，大衛為了防止路人偷吃路邊的葡萄，就用石灰和藍礬製作了一種「毒藥」，灑在葡萄上，果然唬得人們不敢貪嘴了。

米拉德認為對付黴葉病的關鍵就在大衛的「毒藥」上，他立刻進行實驗，配置出一種石灰與硫酸銅的混合物，然後又請求杜札克酒莊的莊園主南森尼爾·約翰斯頓開放葡萄園，讓自己試驗一下混合物的功效。

約翰斯頓心想，反正自己的葡萄也完蛋了，就讓米拉德試一下吧！也許能挽救那些葡萄呢！

於是，米拉德和其助手入駐了杜札克酒莊。

經過一段時間的觀察，米拉德確認自己研製的混合物可以治癒黴葉病，他將這種混合物的溶液取名為「波爾多液」，並向其他莊園主推薦。

聽說葡萄有救，大家特別高興，紛紛用「波爾多液」噴灑葡萄。

果然，在幾個月後，波爾多城又恢復了以往的綠色景象，而波爾多液也因此大受好評。

波爾多液是一種殺菌劑，由五百克硫酸銅、五百克熟石灰和五十千克水配製而成，當然，調配比例可酌情增減。

其屬性如下：

顏色：天藍色。

外形：膠狀懸濁液。

物理性質：有很好的黏附性。

化學性質：可釋放可溶性的銅離子來抑制病菌生長，在潮濕環境下作用更強。

殺菌原理：銅離子可使細菌細胞中的蛋白質凝固；同時銅離子還能破壞細菌細胞中的某種酶，使細菌不能新陳代謝。

優點：殺菌譜廣、藥效長久、對人畜低毒、病菌不會產生抗性。

缺點：由於有銅離子，容易傷害耐銅力差的植物。

【化學百科講座】

膽礬是什麼？

膽礬是五水合硫酸銅，也就是硫酸銅吸水後的天藍色晶體。

但是，波爾多液裡的主要成分是鹼式硫酸銅，由硫酸銅和氫氧化鈣或氫氧化鈉反應製得，所以鹼式硫酸銅不能與膽礬相提並論。

64 阿摩神的賞賜

神廟中離奇出現的「鹽」

西元前三百多年，亞歷山大大帝從希臘出發，躊躇滿志地向著東方進發，他一路征服了很多地方，成為當之無愧的世界霸主。

他每經過一處異域，就會給當地引進希臘的文化和習俗，於是，當希臘人的鐵蹄輾過北非之後，在茫茫非洲沙漠上，建立起了一座供奉希臘和埃及主神的廟宇——宙斯－阿摩神。

宙斯是希臘神話中的眾神統治者，而阿摩則是埃及神話中神的最高領袖，儘管這座神廟的名字帶有被征服的恥辱感，但由於是個神聖的地方，所以依舊受到很多非洲人的頂禮膜拜。

不過非洲人還是喜歡將神廟叫做阿摩神廟，他們經常朝拜廟裡阿摩的塑像，希望神明能保佑自己平安順利。

時間一長，人們發現阿摩神廟的牆壁和天花板上，竟莫名地結出一層白色的鹽狀物質，聞起來還有刺鼻的味道。

大家又驚又喜，以為阿摩神從空中灑下了鹽，要賜給眾人，於是虔誠地跪拜叩頭，對神表示自己的感激之情。

有一天，一個遠道而來的朝聖者拄著枴杖進了阿摩神廟，他剛一進廟門就因飢渴暈了過去。

他的同伴慌慌張張地想要弄醒他，可是朝聖者太虛弱了，怎麼也不醒。

同伴沒有辦法，就含著眼淚對著阿摩神像請求道：「尊敬的阿摩神啊！懇請您幫我叫醒我的同伴，他那麼虔誠地對您！」

神像沒有發話，但神像的手卻指著天花板。

亞歷山大大帝馴服布西發拉斯

同伴定睛一看，天花板上是一層細密的「鹽」，牆壁上也是，他彷彿明白了，再三感謝道：「我明白了，謝謝神的指引！」

於是，他將牆上的「鹽」取了一些下來，放到朝聖者的鼻子前。

沒過多久，始終無法清醒的朝聖者竟然悠悠地醒轉過來，同伴驚喜地將阿摩神的贈與告訴他，兩人激動不已，又再次對阿摩神表達感謝之情。

很快，阿摩神賜予的鹽能救命的事傳到了其他人的耳朵裡，頓時，大家蜂擁而至，爭先恐後去「討要」那些鹽。

眾人發現，阿摩神的鹽不僅能使人恢復神智，還能治療昆蟲叮咬後的傷口，因此將這種鹽視為萬能神藥，無論何種情況都要使用一番。

其實大家不知道，阿摩神之鹽來自於駱駝的糞便。

沙漠中的居民喜歡用駱駝糞做燃料，結果糞便在燃燒過程中，一種氣體升騰到廟宇的天花板上，凝固成結晶，就變成了類似「鹽」的東西。

科學家按照「阿摩神之鹽」的說法給這種氣體取名叫「阿摩尼亞」，翻譯成中文，便是氨氣。

氨是氮和氫的化合物，在常溫情況下，氨以氣體形式存在，很容易溶於水，所生成的氨水呈弱鹼性。在醫學上，氨可以使休克的人清醒，也可用作手術前醫生的消毒劑。

氨的屬性如下：

外形：無色有刺激性惡臭的氣體。

熔點：-77.7° C。

沸點：-33.5° C。

密度：0.771g/L。

作用：可以製作冷劑、提取銨鹽和氮肥。

毒害：對人的皮膚、眼睛和呼吸道黏膜有傷害，當人吸入過多時，會引發肺腫脹致死亡。

【化學百科講座】

氨的天使女兒——氨基酸

雖然單質氨對人體有害，但氨的化合物——氨基酸卻是人體不可或缺的一種物質，說它是天使也不為過。

氨基酸是蛋白質的基本組成單位，能夠轉變成糖和脂肪，人或動物缺了氨基酸，就會營養不良。此外，氨基酸還具有促進大腦發育、促進新陳代謝、調節體液、讓器官正常發揮作用等各種功能，可謂是人類的一大福星。

65 銀橋上的慘案

奪命酸雨

一九六七年十二月十五日，離歐美一年中最盛大的節日耶誕節只剩十天了，全美上下到處洋溢著喜慶祥和的氣氛，誰也不曾想過，這一天將以怎樣的情節收尾。

在美國的俄亥俄河上，有一座六百年歷史的銀橋，人們將這座橋視為當地的優美風景之一，即便是在那麼熱鬧擁擠的冬日，銀橋之上也氤氳著浪漫無比的氣息。

下午五點，提著大包小包，剛從百貨公司購物回來的人們爭先恐後地擁上銀橋，他們要去給孩子做飯，要去給情人送禮物。而此時，下班回家的人們也登上了這座橋，再過一會兒他們也將回到溫暖的家中，吃著熱氣騰騰的飯菜，結束一天的生活。

誰都沒有留心橋體的變化。

忽然之間，銀橋的中央「咔」的一聲斷裂開來，人們甚至還沒來得及尖叫，就落入了冰冷的河水中。

不到一分鐘的時間，這座長達五百四十米的大橋徹底崩塌，只剩岸邊兩座橋臺眼睜睜地看著人們無助地呼喊。

很多行人和車輛落水，由於橋斷裂的速度太快，沒有人能夠迅速做出逃生的準備，一些人被落石和車輛砸死，俄亥俄河的水面頓時被染成了怵目驚心的紅色。

這起事件造成了四十六人死亡，五十輛汽車墜毀，引發了美國所有民眾的關注。有一位嚇得花容失色的年輕女子在鏡頭前心有餘悸地說：「當時幸好遇到紅燈了，否則我一定掉到水裡了！太可怕了！」

人們的心情非常沉痛，希望美國政府能盡快查明銀橋斷裂的真正原因。

政府不敢怠慢，委託美國國家運輸安全委員會全力負責此事。

委員會經過調查後發現，在連接橋樑的鋼鏈上存在一個極小的裂縫，正是這個裂縫，讓調查組察覺到銀橋上的建築材料受到了嚴重的破壞。

建築公司趕緊聲明自己公司出產的材料沒有問題，而且就在事發兩年前，銀橋還做過專業檢修，照理說也不會出問題。

那問題究竟出在哪裡呢？

調查組隨後發現，是天上的酸雨引發的禍端。

原來，當地的化工廠很多，導致空氣中的二氧化硫不斷增加，一旦下雨，雨水就會變成酸雨腐蝕建築物。所謂千里之堤毀於蟻穴，銀橋上一個小小的裂縫，就因為環境汙染奪取了四十六條生命，不得不讓人感慨萬千！

酸雨對石雕的影響

當雨水酸鹼值在五・〇以下時，就可以被稱為酸雨了。

酸雨中主要的致酸成分：二氧化硫：來自於石化工業、火力電廠；三氧化氮：來自於工廠高溫爐、汽車廢氣、農藥。

酸雨的危害有：會引發人體的哮喘、咳嗽、頭痛、眼耳鼻和皮膚的過敏症狀；會被蔬果吸收，讓人體中毒；腐蝕建築物，比如它接觸大理石後，會讓後者變成極易粉碎的石膏。

總之，酸雨的危害極大，而且還需要人們花費大量的人力和物力來修復交通工具和建築，所以應當保護環境，避免付出慘痛的代價。

【化學百科講座】

雨水本就是「酸雨」

其實自然界降下的雨水，本來就是酸的。

在大氣中，存在大量的二氧化碳，當二氧化碳在常溫下完全溶在雨水中時，雨水的酸鹼值是五・六，而酸鹼值為七時是中性，小於七則呈酸性，所以在正常情況下的雨水也是「酸雨」。

66 缺乏化學知識引發的悲劇

阿那吉納號的沉沒

著名的鐵達尼號的故事家喻戶曉，因為船長缺乏經驗，致使世界第一號郵輪沉入深海，成為百年遺憾。

在航海史上，同樣有一艘船，因為船長缺乏化學知識，導致沉船的悲劇，不過更可悲的是，船員們直到死去，也不知沉船的真正原因。

該船名叫「阿那吉納號」，是一艘運載貨物的商船。

阿那吉納號曾運載石頭、木材等物品，每次都非常順利地到達目的地，因此沒有船員會懷疑這艘船的安全性。

「除非有一天，我的船漏了，否則阿那吉納號會一直行駛下去！」有一次，船長在喝酒時，對著所有水手拍胸脯說大話，沒想到卻一語成讖。

也許老天為了讓船長失望，阿那吉納號真的漏了！

那一天，阿那吉納號在國外裝載了滿滿一船艙的精銅礦，然後開船回國。

依然是熟悉的路線，天氣也非常晴朗，水手們計畫著幾天後和家人團聚的日子，心情十分舒暢。

到了晚間，大家開始聚餐，還喝了點酒，氣氛十分融洽。

誰都沒有察覺到，船體出現了異常情況。

第二天，阿那吉納號依舊在明媚的陽光中奮力前行，海鷗盤旋著，在船的上空飛行，一切都是那麼清新。

傍晚時，誰都沒有發現船體吃水深了一些。

深夜時分，一個水手突然衝進駕駛室，驚慌失措地大喊：「不好了！

船漏水了！」

駕駛艙裡的大副有些不相信，追問道：「這可是鋼製的船體啊！」

「真的漏水了！」通報者焦急地說，他的眼睛睜得大大的。

大副這才趕緊按響了警報器。

水手們緊急集合，檢查船體的狀況，發現船底漏了好幾個大洞，冰冷的海水正源源不斷地湧入船艙內。

船長驚得滿頭冷汗，他帶著水手想盡辦法，卻始終無法將水排出艙外，最後只能徒勞地放棄搶險，發電報呼救。

可惜附近並沒有船隻經過，最後阿那吉納號只能在萬般掙扎中沉沒了。

正如大副懷疑的那樣，鋼製的船體怎麼會說漏就漏呢？

後來科學家解釋道，原因正是出在那船精銅礦上。

在化學中，有一種反應叫電解，由於海中空氣潮濕，船體就與銅礦組成了原電池，結果船體中的電離子被析出，簡單說來也就是被腐蝕了，所以大洞就這樣產生了，讓所有船員猝不及防。

什麼是電解？

就是電流通過物質（一般是電解液），引發物質失去或得到電子的過程。

其實用我們熟悉的電池舉例即可，電池之所以帶電，是因為它有一個陰極和一個陽極，在電池的溶液中，正離子從陽極遷移到陰極，負離子從陰極遷移到陽極，這樣電流就產生了。

在阿那吉納號上，銅是陽極，船體中的鐵是陰極，結果鐵離子在流向陽極的時候，船體就被氧化了，因而堅固的鋼鐵出現了腐蝕的現象。

【化學百科講座】

電解原理——氧化還原

電解的化學原理，其實可以說是氧化還原原理，過程如下：

1、在通電以前，化合物中的離子是無序運動的。

2、通電後，陽離子開始向陰極遷移，在陰極得到電子，結果就被還原了。

3、陰離子開始向陽極遷移，在陽極失去電子，結果就被氧化了。

電解法是西元一八〇七年英國化學界大衛發明的，如今被科學家廣泛用於從化合物中提煉單質，很多很難提取的物質透過電解法就能獲得。

67 用火燒出來的紙幣

戲弄餐館老闆的魔術師

在上個世紀三〇年代，有一個在地方上很有名的魔術師決定闖蕩京城，雖然家人苦口婆心勸他不要離鄉背井，但為了遠大的前程，魔術師還是義無反顧地踏上了北上的旅程。

到了京城後，他果然大開眼界，覺得大城市確實比家鄉那個小地方要好太多。但他並沒有馬上找工作，而是整天樂呵呵地在城裡閒逛，體驗當地的風土民情。

不過有一點讓魔術師不太滿意，他發現隨著地方大了，不講理的人也多了，他親眼所見的一些事情總是令他非常憤怒，每當這個時候，他總會想去主持公道。

有一天，他來到一個小餐館吃飯，發現餐館的老闆正在凶狠地罵他的夥計，周圍有幾個顧客在好言相勸。

魔術師側耳傾聽，很快弄清了原委。

原來，這個夥計是個新手，沒有太多經驗，結果給一桌客人結帳時少算了錢，偏偏老闆是個鐵公雞，揪住夥計的錯不放，還揚言要讓夥計給自己白做一個月的工作。

魔術師見那夥計垂著肩膀，被牙尖嘴利的老闆說得大氣都不敢喘一下，知道他是個老實人，就上前勸老闆：「您就饒過他這一次吧！他沒見過世面，您就多擔待點。」

老闆擰緊眉頭，斜著眼瞪著魔術師，冷笑道：「你這麼喜歡替人說好話，那他少收的那些錢你來給，怎麼樣？」

其他顧客見老闆這麼說，一起盯著魔術師，想看看這個年輕小子怎樣回擊。

誰知魔術師竟然憨厚一笑，取出一張白紙，說：「我這就替他還帳！」

顧客們哄堂大笑，老闆也覺得可笑，點頭道：「可以！你要是能用這張紙變出錢來，你那桌的錢我也免了！」

魔術師的嘴角勾起一抹微笑，他神祕地說：「這可是你說的！」

說罷，他從口袋裡掏出一根雪茄點上，對著老闆吐了一個煙圈，然後用菸頭點燃了白紙的一角。

說時遲那時快，白紙迅速成了一個火球，魔術師在火光中把手一甩，一張嶄新的紙幣赫然出現在眾人的面前。

圍觀眾人見狀，紛紛拍手叫好，老闆目瞪口呆，只得履行自己的承諾，饒過了夥計，又讓魔術師免結帳單。

那麼，魔術師手裡的那張白紙為何會變成真的紙幣呢？

原來，這張白紙裡藏的，是真正的紙幣，而紙幣的表面則貼著一層易燃的火藥棉，由於火藥棉燃燒速度極快，所以在來不及燒掉紙幣的時候就消失了，魔術師才能變「紙」為錢，讓餐館老闆出了醜。

在化學上，火藥棉的學名叫纖維素硝酸酯，是一種白色的纖維狀物質。從外表上來看，它似乎與棉花差不多，實際是一種非常厲害的戰略資源，在軍事上能被用於製造炸藥。

火藥棉屬性如下：

別名：硝棉、強棉藥、棉火藥。

特點：燃爆速度極快，若被製成炮彈，會在發射前就爆炸，非常不安全。

威力：比黑火藥大二至三倍。

化學性質：用醇－醚混合溶劑處理火藥棉，然後將其碾壓成型，能減緩火藥棉的燃爆速度。

作用：可製作槍枝彈藥、可做為固體火箭推進劑。

【化學百科講座】

火藥棉的由來

一八三九年，德國化學家舍恩拜把家裡的廚房當成實驗室，趁著妻子不在家，偷偷開始化學實驗。

但舍恩拜是個「妻管嚴」，他經常擔心妻子會突然回來，結果在慌亂中把硫酸和硝酸的瓶子打翻在地。手忙腳亂的舍恩拜連忙用妻子的棉布圍裙擦拭地上的酸液，然後想用火爐烘乾圍裙。誰知，火爐立刻發出一聲巨響，圍裙一眨眼就被炸成了灰燼。舍恩拜對這種現象非常好奇，於是深入研究，終於發明了火藥棉這種奇特的烈性炸藥。

68 能在海面上燃燒的「魔火」

拜占庭帝國的神器

「不好了！阿拉伯人正在計畫向我們發動進攻呢！」

西元六七三年，拜占庭帝國的首都君士坦丁堡上空突然籠罩上了一種不祥的陰雲，百姓們議論紛紛，覺得災禍很快就要降臨到自己的頭上。

然而，王宮裡一直沒有傳出動靜，似乎戰爭即將打響的消息是個謠言。

其實，百姓們不知道，國王不是不知道阿拉伯人的進攻計畫，而是以羅馬人現在的實力，根本無法與阿拉伯人對抗。

就拿海軍力量來說，阿拉伯艦隊的數量有成百上千，但拜占庭帝國的戰船有幾十隻，若雙方交戰，那羅馬人簡直就是以卵擊石。

國王愁得不得了，想去搬救兵，但鄰國的國王一聽說阿拉伯人要發動大規模的海上進攻，各個都害怕起來，接著便以各種理由拒絕支援。

原因很簡單：在當時的歐亞大陸上，阿拉伯人的實力是最強的。

拜占庭國王不敢將強敵壓境的事情告訴自己的百姓，他怕引發全國的混亂，到時敵人還沒到，這個國家就散了架，豈不是更糟糕？

可是，世上沒有不透風的牆，王宮裡的緊張情緒還是逐漸蔓延到了宮外，百姓們人心惶惶，有的憤怒、有的焦躁、有的害怕、有的絕望，大家認為不久之後自己必將一命嗚呼，誰也不曾考慮到這個國家或許還有獲勝的可能。

也許是天無絕人之路，這天，一個建築師在工地上發現了一種奇特的現象，他馬上動手做實驗，結果興奮得兩眼放光，口中不停呼喊：「我們有救了！我們有救了！」

他像瘋子一樣地衝出門，跑到王宮前，請求見國王一面，說自己已經有了制敵的方法。

國王當即將這個建築師請進王宮，與對方徹夜詳談，制訂出一套勝券在握的方案。

這一次，國王總算能睡個安穩覺了，他覺得自己從未像現在這麼踏實過。

幾天後，海平面上出現了阿拉伯戰船的影子，羅馬人驚呼道：「完了！敵人要來殺我們了！」

整個君士坦丁堡都陷入悲痛之中，人們放聲大哭，恨不得立刻服毒自盡，而在海邊，國王的軍隊卻胸有成竹地面對著強敵，等待指揮官的號令。

阿拉伯人越來越近，眼看還有一小段距離就可以上岸了。

「預備，放！」

羅馬指揮官一聲令下，羅馬士兵們捧起一袋一袋的石灰，往海水中撒

希臘火是拜占庭帝國所發明的一種可以在水上燃燒的液態燃燒劑，為早期熱兵器，主要應用於海戰中，「希臘火」或「羅馬火」只是阿拉伯人對這種恐怖武器的稱呼。

去。

頓時，海面沸騰起來，一股濃烈的火焰在海面上迅速蔓延，包圍了阿拉伯人的船隊，將羅馬人的死敵燒得落花流水。

「羅馬人會魔咒，他們能在海面上生火！」僥倖逃生的阿拉伯士兵回國後，跟中了魔似的，嘴裡一直唸叨個不停。

阿拉伯國王聽說羅馬人能讓海水上燃起火焰，以為對方懂什麼巫術，也不禁膽顫心驚，再也不敢對拜占庭帝國進行任何侵襲。

那麼，建築師是靠什麼辦法來禦敵的呢？

原來，他用的武器是石灰和石油。

士兵們先把石油倒入海裡，由於油比海水輕，所以會漂浮在海面上，然後再倒入石灰，石灰遇水放熱，點燃了石油，所以阿拉伯人的戰船就被燒了起來。

在人類社會的早期，石灰就已經產生了，當時人們用它來做為飲酒材料和療傷工具，後來才被用於土木工程之中。

石灰的屬性如下：

成分：碳酸鈣。

顏色：白色或灰色。

製作方法：用石灰石、白雲石、白堊、貝殼等經過九百至一千一百度的高溫煆燒而成。

化學性質：

1、熟化：石灰溶入水中時會放出大量的熱，同時體積增大一・五至二倍。

2、硬化：熟化後，石灰漿體因失去水分而乾燥，同時漿體中的氫氧化鈣溶液過於飽和，析出晶體，石灰就變硬了。

3、碳化：硬化後，氫氧化鈣會與空氣中的二氧化碳反應，生成碳酸鈣，便是碳化，不過碳酸鈣在石灰表面會形成保護膜，所以碳化過程非常緩慢。

【化學百科講座】

石油

石油是一種深褐色的黏稠液體，主要由各種烷烴、環烷烴、芳香烴組成，它是一種非常重要的燃料。

在中國北宋年間，石油就被大科學家沈括發現了，「石油」之名也是因沈括而來。

石油的用途非常廣泛，我們平常用的日用品，很多就來自於石油。

目前關於石油有兩點爭議，有一部分人認為石油由古生物的化石演變而成，因此是不可再生能源；而另一部分人則認為石油由地殼裡的碳生成，是可再生的。不過無論如何，我們還是應該節約石油，減少地球上的能源消耗。

69 令人大笑不止的氣體

一氧化二氮

當人處於逆境時，他還能笑得出來嗎？

答案因人而異，但對十七歲的英國小店員漢弗萊·大衛來說，他肯定笑不出來。

因為家境貧寒，他不得不輟學去藥房打工，從此以後他的臉上就總是掛滿冰霜，變得讓人不敢接近。

雖然後來大衛自學成才，成了一個小有名氣的化學家，還有幸進入英國皇家學院，成為著名醫學家湯瑪斯·貝多斯的助手，可是還是高興不起來，整天板著一張臉，讓同事們敬而遠之。

好在貝多斯教授也是個嚴肅的人，所以大衛與他在一起也算能相處融洽。

讓人想不到的是，有一天，這對不苟言笑的科學家竟然在實驗室裡狂笑不止，笑聲之大，使得路過的同事不勝驚訝。

同事們見笑聲無法停歇，急忙推開實驗室的門查看究竟。

只見貝多斯教授的腳下全是玻璃碎片，他的手指還在不斷流血，大概是被玻璃割傷了，可是他似乎無暇顧及，因為他正在和大衛蹲在地上放聲狂笑。

人們趕緊將貝多斯和大衛攙扶出實驗室，這時兩個人仍在笑，只是笑聲小了一點。

又過了好一會兒，貝多斯和大衛終於冷靜下來，開始抱住頭，顯得有點難受。

貝多斯教授開始回憶之前發生的事情，他對大衛說：「真奇怪，我在吸了你配製的那瓶一氧化二氮後就一直想笑，沒想到這種氣體竟然有這樣的作用。」

大衛點點頭，表示同意。

忽然之間，大衛看到貝多斯手上的傷口，連忙驚呼道：「教授，你的手受傷了！」教授這才發現自己掛了彩，他疑惑不解：「奇怪，我根本就感覺不到疼痛。」

大衛心想，會不會是一氧化二氮有麻醉作用，所以教授不覺得痛疼呢？

回到實驗室後，大衛重新配製了一氧化二氮，決定等到空閒下來再慢慢研究這種氣體。

不久之後，大衛因為牙痛而去了醫院，醫生發現是有顆牙蛀了個大洞，就把大衛的蛀牙給拔了下來。

由於沒有上麻藥，大衛痛得臉都腫了，他心想，實驗室裡有很多化學藥品，也許能幫上忙。

可是當他到了實驗室後，卻發現這個不合適那個不能用，不由得急得團團轉。好在，他看到了裝一氧化二氮氣體的玻璃瓶，貝多斯教授受傷的那一幕頓時浮現在他眼前。

就用這個救急吧！

大衛沒有猶豫，打開了玻璃瓶塞，將鼻子湊到瓶口，嗅了幾口一氧化二氮。他立刻哈哈大笑起來，而且一發不可收拾，笑了很久。不過令他欣喜的是，他的牙痛終於止住了。

由此，大衛證明一氧化二氮確實有麻醉鎮痛的功效，他將這種氣體取名為「笑氣」，並推薦給外科醫生。

結果，笑氣在很長一段時間裡成為外科手術的必備用品，它幫助病人減輕了很多痛苦。

笑氣的屬性如下：

外形：無色氣體。

味道：甜。

作用：具有輕微麻醉功能，被用來做為車輛加速劑和火箭氧化劑。

危害：會破壞大氣中的臭氧，引起溫室效應。

笑氣其實有兩個獨特的優點：做為麻醉劑，它能使人保持意識清醒，所以以前的牙醫特別喜歡笑氣；做為氧化劑，它無毒，所以能保證火箭、車輛安全地運行，這一切都有賴於大衛的發現，才使這種氣體能被人們廣泛應用。

不過近年來，科學家發現笑氣對臭氧層的破壞極大，已呼籲人們控制笑氣的使用量，如今笑氣一般被當作表演道具使用。

【化學百科講座】

漢弗萊·大衛最重大的貢獻——煤礦安全燈

在大衛出生以前，煤礦工人在深井下工作往往充滿了危險，因為他們需要照明，可是煤礦中充滿了可燃性氣體，一點點火星就可能會引發爆炸，所以工人們每次工作都像在走鋼絲，命懸一線。

幸虧大衛用了三個月的時間發明了一種安全燈，這種燈由金屬絲罩住，使得熱能被導走，這樣，礦井裡的瓦斯就達不到燃點，無法爆炸了。

在一百多年裡，煤礦安全燈一直被人們使用，直到一九三〇年以後，才被電池燈所取代。

70 得了怪病的觀音菩薩

鈉的氧化

菩薩也會得病？

大概誰都不會相信。

可是對南宋一位老財主來說，這樣的荒唐事確實發生了！

老財主信佛，滿口都是「阿彌陀佛，積善積德」，可是誰也沒見他做了多少善事，積了多少德。

他每天還是想方設法盤剝佃農的工錢，大魚大肉吃得滿嘴流油，倒將自己養得肥頭大耳，像一尊佛。

老財主住在臨安城，臨安附近有座靈隱寺，他聽說寺裡的菩薩非常靈驗，就專程去寺裡燒香，並將一尊栩栩如生的觀音像請了回來。

這座觀音像有一米多高，柳眉鳳眼的觀音端坐於獅身之上，手拿淨瓶，滿身金光，面露微笑，彷彿能實現人世間的一切夙願。

老財主小心翼翼地將觀音安放在自家的佛堂之中，又帶著家人虔誠地叩拜，口中唸唸有詞：「觀音娘娘，請您保佑我們一家平安健康、財源廣進啊！」

由於自己請來的這尊觀音世間少有，老財主在多喝了幾杯後有些得意忘形，忍不住誇耀道：「這尊觀音像雖不是黃金鑄成，價錢卻相當於黃金啊！」

佃農們聽了暗罵：「有什麼了不起，觀音大士都看在眼裡呢！」

也許是老財主說了忌諱的話，過了一段日子，果然出了大事。

觀音像表面的燦爛金光逐漸黯淡，像蒙上了一層汙穢似的，顯得越發陳舊。本來一臉喜氣的觀音，也像是得了什麼怪病似的，一臉倦容，似乎沒有精神再繼續保佑老財主家的平安了。

老財主大吃一驚，以為自己說錯了話，菩薩要來懲罰自己了，連忙拖著全家老小給觀音磕頭認錯，還大把大把地燒香，又進獻了很多果品糕點，希望觀音大士能夠笑納。

哪知，在香煙繚繞中，觀音的臉色越發陰沉，似乎已經病入膏肓，即將要離開人世一般。

老財主急得滿頭大汗，他連忙請來廟裡的和尚做法會，希望能使觀音菩薩盡快好起來，重新煥發之前的光彩。

佃農們見老財主那慌亂的神情，都不禁在背後偷樂，他們說，舉頭三尺有神明，平時老財主幹那些壞事，觀音都看在眼裡，怎麼可能幫壞人實現願望？

最後，和尚唸佛也不管用，觀音仍舊是病懨懨的模樣，讓老財主膽顫心驚。

老財主以為觀音是在怪自己說了大不敬的話，因此心中甚是恐懼，由於日夜擔心，他竟然瘋了，成天叫嚷著：「觀音娘娘病了！觀音娘娘病了！」

觀音娘娘是真的病了嗎？

當然不是。

這尊觀音銅像裡有一種金屬，叫鈉，鈉被氧化成氧化鈉，並且表面變得黯淡無光，所以菩薩就好像「病」了一般，外表再也無法恢復以前的光彩了。

靈隱寺供奉的觀音菩薩像

鈉是十九世紀的英國化學家大衛電解

出來的，當時他發現氫氧化鉀的溶液中出現了一些類似水銀，但又具備金屬光澤的小珠。有一些小珠立即燃燒，發出明亮的火焰；另一些則迅速黯淡下去，表面覆蓋了一層暗灰色的膜。

這種金屬就是鈉，而變暗的過程就是鈉的氧化反應。

鈉單質呈銀白色，質軟，而且比水輕，它的性質非常活潑，能與水進行劇烈的反應，甚至會發生爆炸。

由於鈉具備良好的導熱和導電性，所以它與鉀的液態合金還被做為核反應爐的導熱劑。

【化學百科講座】

功能強大的調味品——食鹽

人類飲食需要食鹽，而食鹽中百分之九十九的成分都是鈉的化合物——氯化鈉。

鈉對人體有很多好處：調節人體水分；保持體內酸鹼度平衡；是人體體液的組成部分；維持血壓正常；增強神經肌肉興奮性。

所以，人類需要攝入食鹽，而食鹽不僅可以被當作調味劑，也可用在其他方面，如消毒、美容、護齒潔膚、醫療、化工等等。

71 為火山背黑鍋的管家

馬提尼克島上的銀器

位於加勒比海域的馬提尼克島，曾被哥倫布盛讚為「世界上最美的國家」。十七世紀，法國殖民者來到這個迷人的島嶼，將其劃歸為法國的殖民地。從此，很多法國人來到島上定居，到了二十世紀中期，該島正式成為法國的一個海外省。

在馬提尼克島仍屬於殖民地時候，有一個名叫布魯諾的商人在一年當中會定期在島上居住半年。他在當地建了一座大別墅，還四處搜集各式古玩，珍藏在別墅裡，他想，等自己老了以後，就可以在這個美麗的海島上頤養天年啦！

布魯諾讓自己忠心耿耿的老管家波努瓦來打理這座別墅。

波努瓦侍奉了布魯諾很多年，從未出過差錯，深得主人的信任，布魯諾相信，即便自己長時間不在，波努瓦也能照看好在海島上的房子。

轉眼又是半年過去了，布魯諾再次來到馬提尼克島上，他興致勃勃地來到自己的別墅裡，左看看右看看，發現一切如舊，忍不住就想誇獎波努瓦。

就在這時，他抬頭掃了一眼櫃子，突然發現自己收藏的一件銀壺的壺身好像蒙了一層灰，就把波努瓦叫來，吩咐道：「老管家，這個銀壺是古羅馬時代的，很珍貴，不要讓它蒙上灰塵啊！」

老管家唯唯諾諾地應著，答應一定做好清潔工作。

可是幾天之後，布魯諾發現管家根本沒有好好擦拭那些古董，不僅那個古羅馬銀壺越來越髒，連其他的銀器也都變得暗灰，看起來十分不雅。

布魯諾非常生氣，馬上叫來老管家問話：「波努瓦，你怎麼越來越懶了？之前我叫你擦銀壺，你不擦，其他的古董你也不管，你是不知道那些銀器的價值嗎？」

可憐的管家半張著嘴，始終無法插上話，等到布魯諾發洩完，他才戰戰兢兢地解釋道：「不是的，主人！我擦過了，可是擦不掉啊！」

「灰塵怎麼可能擦不掉！我買回來的時候都檢查過了，每件古董都非常光亮，我看你是不用心！」布魯諾氣呼呼地說。

老管家含著眼淚，無言地佝僂著腰，他知道主人正在氣頭上，根本不會聽自己的話，只能暫且忍耐，找明原因再做解釋。

布魯諾確實很生氣，他甚至考慮辭退波努瓦。

十幾天後，馬提尼克島上的火山噴發了，空氣中到處瀰漫著一股嗆鼻的硫磺味。

布魯諾忽然醒悟到：也許銀器變黑與火山噴發有關！

他急忙去請教島上的一位學者，學者告訴他，火山在噴發前就會向空氣中噴出一些硫化物，而銀器會與硫化物發生反應，變成黑色的硫化銀。所以，那些古董才會變「髒」，並且，那些「髒東西」是擦不掉的。

布魯諾非常羞愧，他這才知道自己冤枉了忠誠的管家，就趕緊向對方道歉，主僕二人冰釋前嫌，和好如初。

銀是一種貴金屬，在自然界中基本是以銀化合物的形式存在的，因此它被發現的時間比黃金要晚，以致於在古時候，它的價值比黃金還貴。

銀的屬性如下：

顏色：銀白色。

密度：$10.49g/cm^3$。

物理性質：導電和導熱性是金屬中最高的，具有極高的延展性。

化學性質：穩定，不易被腐蝕，但可溶於硝酸；長時間暴露在大氣中，容易被空氣的硫和硫的氧化物腐蝕。

銀被硫腐蝕後，表面會出現一些微小的斑點，其實就是硫化銀，時間一長，硫化銀連成片，就變成了黑色，所以若想讓發汙的銀恢復光澤，可以這樣做：

1、避免銀製品接觸潮濕的環境。

2、每天將銀製品用棉布擦拭乾淨然後密封保存。

3、可用牙膏擠在發汙的銀製品上，然後用棉布擦拭，實在不行的話再使用洗銀水。

【化學百科講座】

銀針試毒——硫與銀的完美結合

古人施毒，常用砒霜，但是由於生產技術落後，砒霜中不可避免地含有了硫或硫化物，為了檢驗是否有毒，銀針就粉墨登場了。

古人將銀製成細長的針，這樣連細微的地方都可以被全面地檢測了，若銀針變黑，也就是說生成了黑色的硫化銀，就能被斷定有毒。

不過銀針試毒的方法不是百分百正確的，比如雞蛋黃裡也含有硫，銀針插進去也會變黑，大概古人只能用試吃這一種辦法來檢查雞蛋的毒性了。

72 讓白娘子招架不住的酒

避邪的雄黃

在美麗的西子湖畔，流傳著一個家喻戶曉的美麗傳說，那就是白娘子和許仙的故事。

白娘子是一個修行千年的白蛇精，她和自己的好姐妹、一個修行幾百年的青蛇精一起化為人形，跑到人間去遊玩。

在濃妝淡抹總相宜的西湖邊上，白娘子遇到了許仙。一直在深山修行的白娘子沒有見過多少男人，乍一看許仙長得很秀氣，也挺講禮貌，似乎是個好男人，便動了心。

為了吸引許仙，白娘子將自己偽裝成一個富有的女子，偷來土豪劣紳的家財打造自己的身價，同時還造了兩個有重大親戚關係的「人」──姑父和姑母，讓許仙以為白娘子從小就在這樣一個圓滿的家庭中出生，性格絕對沒問題。

另外，白娘子還勤於打扮自己，加上溫柔得體，讓許仙整天泡在蜜罐裡，神魂顛倒樂不思蜀。

就這樣，單純的許仙很快陷入深深的愛戀中，對白娘子死心塌地。

白娘子的手段並非不好，事實上，她那一套為自身增值的方法很值得當代女性學習，有誰會拒絕一個渾身都是閃亮點的人呢？

可是，白娘子卻忽視了自己一個最大的缺陷──她是一條蛇，是不能跟人類在一起的。所以說，身上優點再多，也比不上一個致命弱點！

白娘子如願和許仙成親了，但很快，一個名叫法海的和尚找到了許仙。

法海煞有其事地告訴許仙，他的老婆是蛇妖，早晚有一天會吸光他的精氣，到時他就一命嗚呼了。

許仙半信半疑，但還是按照法海的吩咐，在端午節那一天準備了雄黃酒。

當天，白娘子沒有出去，因為她知道滿大街都是避邪的艾草，擔心自己會因一時疏忽而現了原形。

至於雄黃酒，白娘子藉口不勝酒力，再三推辭。

許仙卻是個死腦筋，他覺得娘子不肯喝酒，一定有問題，就連哄帶騙地說：「那就喝一杯吧！這是端午節的風俗，大家都得喝。」

白娘子心想，就一杯酒，以自己的道行，應該可以應付過去。

於是，她嬌羞地從許仙手中接過酒，一口將雄黃酒喝進肚裡。

沒想到，她剛喝了一杯就暈頭轉向，繼而癱倒在地。

就在許仙出去端菜的時候，白娘子現出了原形。

於是，許仙看到了令他驚恐的一幕：一條巨大的白蛇盤在床上，口中還「嘶嘶」地吐著殷紅的信子。

許仙嚇得屁滾尿流，慌忙向外逃竄，一不留神從樓梯上摔了下去，斷氣了。

白娘子悲痛欲絕，四處尋找能起死回生的藥，終於救了相公一命。

後來，許仙也想開了，他覺得人與蛇也能在一起，便與白娘子重修舊好。

為何白娘子喝的雄黃酒有那麼大威力呢？

原來，雄黃是劇毒元素砷的化合物，學名叫四硫化四砷，當它加熱到一定程度時，就會被氧化，生成毒性極大的砒霜。

中醫說，是藥三分毒，儘管雄黃具有輕微的毒性，但對防蟲防腐卻有奇效，它也可以被製成中藥，具有消腫、強心等功能。

不過，這種橘黃色的物質仍得謹慎服用，因為即使是藥用的雄黃，裡面也會含有百分之一的砒霜，用量太大很容易引起砷中毒。

【化學百科講座】

雄黃的醫用價值

為什麼古人有喝雄黃酒的習慣呢？因為雄黃確實對人體健康有一定的幫助：抗腫瘤，鎮痛，對一些皮膚病有殺菌消炎的作用。

當然，雄黃酒不可多喝，否則容易讓人上吐下瀉，嚴重者可能引發肝、腎功能的衰竭。

73 恐龍滅絕與光化學汙染事件

需嚴格控制的臭氧

洛杉磯，位於美國西海岸，有「天使之城」的美譽。

這座城市僅次於美國紐約，人口規模和密度都非常大，也是很多外國人心中的移民聖地，如今已有越來越多的人遷移到這座大都市中。

可是在一九四三年的五月和十月，洛杉磯卻成了人間地獄。當地的居民感到頭痛不已，且眼睛、嗓子疼痛，進而呼吸困難，甚至有人丟了性命。

原來，從這一年開始，洛杉磯就被一種淡藍色的毒霧所包圍，而恰巧洛杉磯是三面環山的城市，因空氣流動緩慢，毒霧不容易散發出去，致使人們被迫長時間地呼吸著有害空氣，令健康大打折扣。

更要命的是，洛杉磯沿岸在春季和初夏會有洋流經過，這股洋流較冷，結果暖空氣上升，冷空氣下沉，高空形成了厚厚的逆溫層，猶如帽子一樣將洛杉磯蓋住，使得有害的氣體不能上升，從而無法飄過高山到達遠方。

於是，一年之中，洛杉磯有三百天是被逆溫層所覆蓋的，可憐的洛杉磯居民終年被毒霧環繞，雖然想盡各種辦法，卻始終不能擺脫困擾。

就這樣過了十幾年，汙染不僅沒有消除，反而越來越大。

一九五五年九月，淡藍色毒霧的濃度達到了前所未有的程度，短短兩天，就有四百多名六十五歲以上的老人死於這種毒霧，引起了人們的極大恐慌。

整個城市都敲響了警鐘，人們強烈要求政府給予調查和解釋，並四處舉行抗議活動。

政府趕緊成立調查研究小組進行研究。

剛開始，調查組以為是工廠排出的二氧化硫產生了有毒煙霧，後來才發現，汽車廢氣才是製造毒霧的肇事者。

原來，汽車會排放含有碳氫化合物的廢氣，當時洛杉磯有兩百五十萬輛汽車，每天就會排放出一千多噸的碳氫化合物，這些化合物與陽光發生作用，從而形成了一種刺激性極強的光化學煙霧。

那麼這些碳氫化合物和陽光反應，產生了一種什麼樣的新型物質呢？

科學家們發現，反應的最終物質是臭氧。

臭氧雖然能夠吸收紫外線，但在對流層中卻是一種有害物質，會對人體造成極大的損傷。

可是，臭氧缺乏也不行，科學家推測，在白堊紀時期，由於臭氧的缺失，竟然導致了恐龍的滅絕。

據說，當時曾發生過一次大規模的海底火山爆發，使得大氣中出現了大面積的臭氧層空洞。強烈的紫外線直接照射到恐龍的身上，讓這些地球霸主的皮膚產生了病變，最後無一生還。

大自然對萬物都有其特定的安排，比如臭氧，量不能太少也不能太多，而人類卻總在破壞著自然的平衡，最終釀成了苦果。

大氣層中的臭氧位於距地球表面二十五至三十公里的平流層中，它能吸收陽光中百分之九十的紫外線，確保人類的眼睛和皮膚不被紫外線灼傷。因此，一旦臭氧層遭到破壞，人類就會增加罹患皮膚癌的風險。

由於人類的工業活動增加，導致臭氧開始出現在貼近地面的對流層中。汽車排放的碳氫化合物在紫外線的作用下生成了二次汙染物，這些汙染物中有臭氧、固體顆粒和氣溶膠，而臭氧則是主要汙染物，所以科學家們一般將臭氧濃度的升高做為光化學汙染的象徵。

洛杉磯市煙霧瀰漫，是空氣汙染所致。

【化學百科講座】

臭氧層是如何形成的？

在平流層，紫外線非常強烈，氧分子容易在輻射作用下發生分解，使氧原子增加，所以臭氧就形成了。由於臭氧含量很高，就形成了臭氧層。

但是，由於人類使用氟利昂等製冷劑，使得氟化物將臭氧分解為氧氣，導致臭氧無法再吸收紫外線，對人類健康和動植物的生存都有很大的影響。

74 世界上第一顆人造鑽石的誕生

碳的轉化

鑽石是世界上最珍貴的寶石，因其純淨的顏色和璀璨的光澤而被人們所鍾愛。

鑽石是由金剛石雕琢而來的，而在自然界中，金剛石的儲存量非常稀少，導致鑽石不僅稀有，而且價格昂貴。人們往往會心生遺憾，覺得如果鑽石能多一點該多好。

於是，有一位化學家就動了心思，他想，礦石是元素構成的，既然自然界能製造金剛石，人類為何不能製造呢？

他之所以會產生這個念頭，還得從一次化學實驗說起。

這個化學家名叫莫瓦桑，其實那一次他並沒有做成實驗，因為實驗的道具被人偷了。

原來，他的實驗工具是一種鑲嵌有金剛石的特殊器具，那天，當莫瓦桑來到實驗室準備開工時，他驚訝地發現那個器具不見了。

助手們都幫助莫瓦桑一起尋找，一個眼尖的助手驚呼道：「快看！門好像被撬過了！是不是有小偷進來過？」

莫瓦桑仔細查看，果然發現門鎖被小偷光顧的痕跡，他只好自認倒楣。

小偷偷金剛石器具，無非是因為金剛石非常貴重。這時莫瓦桑突然一拍雙手，情不自禁地說：「如果我能造出人工金剛石，就不會再為今日的事難過了！」

他說到做到，開始分析金剛石的成分。

不研究不知道，一研究嚇一跳，莫瓦桑沒料到，金剛石竟然是由碳元素構成的，而碳，在現實生活中是特別柔軟的物質。

碳元素肯定是經過化學反應才變成金剛石的，莫瓦桑心想。

那又會是什麼樣的化學反應呢？

上天很快給了他啟示。

幾週後，一位名叫弗里德爾的礦物學家來法國科學院開講座，莫瓦桑覺得也許可以學習一些礦物知識，就去參加了。

弗里德爾在演講期間，對眾人講述了隕石的構造，他聲稱，隕石實際上是個大鐵塊，只不過這塊碩大的鐵裡含有很多金剛石晶體。

莫瓦桑聽到這裡，眼睛倏地瞪直了，一瞬間，他的腦海中爆發出無數靈感，他想，肯定是鐵中含有碳元素，鐵塊在聚合過程中使碳變成了金剛石。

他興奮得手舞足蹈，聽完講座後立刻趕往實驗室，開始嘗試最新的製作方法：在熔化的鐵裡加進碳，使碳在高溫高壓下結構發生變化，最後生成金剛石晶體。

石墨和碳之所以會轉變成金剛石，就是因為受到了極大的壓力，而炙熱的鐵汁在加入冷水的剎那間會產生一股強大的壓力，迫使柔軟的碳轉化成堅硬的金剛石。

莫瓦桑成功研製金剛石的消息很快傳了出去，立刻成為爆炸性的新聞，人們歡呼雀躍，稱讚莫瓦桑發明了製造鉅額財富的辦法，從而對他頂禮膜拜。

在人造鑽石剛被發明出來的時候，由於技術不成熟，少量氮原子進入鑽石晶體，因而這種鑽石不是很透明，帶有黑色。但隨著技術的改進，如今的人造鑽石與天然鑽石已經在外觀上沒有區別了。

不過，人造鑽石仍舊有一个缺陷，而且是改變不了的，那就是它帶有磷光現象。

所謂磷光現象，就是指，即便去掉光源，人造鑽石依然能發出微弱的光芒。這是因為，天然鑽石的分子結構是八面體，而人造鑽石的分子結構卻比八面體還要複雜許多，所以自身在無光源的情況下仍會產生發光現象。

【化學百科講座】

碳與金剛石——同族不同命

碳與金剛石是同素異形體，也就是說，二者由同樣的元素構成，但形體卻不一樣，而且二者都是碳單質，化學性質完全相同。

碳是最軟的礦石，金剛石則是最堅硬的礦石之一，二者之所以命不同，是因為碳的原子是正六邊形的平面結構，而金剛石的原子是立體的正四面體結構，所以金剛石的硬度要遠在碳之上。

75 會呼吸的石頭

煤氣的誕生

孩子天性愛玩，這並非是什麼壞事，有時候，一些新奇的發明，往往能夠「玩」出來，進而造福人類。

地球上擁有著豐富的煤炭資源，而人類在很早以前就懂得如何使用煤炭為自己增加熱量。

不過古人對煤炭的利用有限，往往造成了極大的浪費，並且煤炭在燃燒時放出的大量黑煙也對大氣造成了極大的汙染。

直到英國化學家威廉·梅爾道克的出現，才改善了這一狀況。

梅爾道克還是個孩子時，就非常喜歡去自己家附近的山上玩。

山上有一種葉岩，用火一點就能著，所以孩子們都不顧大人的呵斥，總是偷偷地挖葉岩來玩。

可是梅爾道克的想法和別人不一樣，他認為，如果我把這些石頭煮一煮，又會發生怎樣的變化呢？

後來，他就真的挖出一塊葉岩，回家後把石頭放入空的水壺中，然後用火加熱水壺的底部。

很快，水壺裡就開始發出響聲，然後壺嘴不斷地往外冒白氣。

梅爾道克非常好奇，就劃了一根火柴，放到壺嘴旁邊，想看看那些氣體會不會被點燃。

誰知火焰剛一接近壺嘴，火焰就升騰起來，嚇得他趕緊收手。

然而，梅爾道克並沒有心生恐懼，他反而拍著手叫道：「石頭還會呼吸，真好玩！」說完，忍不住哈哈大笑起來。

後來，梅爾道克長大了，成了一名化學家，可是他仍舊沒有忘記小時候煮葉岩的事情。

當他開始研究煤炭時，他才明白原來葉岩裡蘊含著煤炭，小時候發生的事情不禁又在他腦海中浮現。

梅爾道克頓時來了興致，想要再進行一次實驗。

他將一塊煤放入水壺中，然後觀察壺裡的變化。

不久後，水壺裡果然發出了響聲，同時，白色的氣體也慢慢散發出來，空氣中開始瀰漫著一股嗆鼻的味道。

梅爾道克趕緊用一根長玻璃管對準壺嘴，然後在玻璃管的另一頭劃上一根火柴。

頓時，玻璃管噴出了藍色的火焰，並且在火柴燃盡後仍在持續燃燒，一直等到水壺中的煤燒完才徹底停止。

「我猜的果然沒錯！」梅爾道克高興地說，「我就知道煤燃燒後得到的氣體也能助燃。」

於是，梅爾道克將此種氣體稱為煤氣，並發明了煤氣燈，還申請了專利。

梅爾道克成了大富翁，他後來每逢談到自己的發跡史，總要得意地說：「都是小時候愛玩，所以今天才會這麼有錢的！」

煤氣是如今人們日常生活中不可缺少的燃料，也是化工廠的重要原料之一。

按照不同的成分，可分為兩類：

1、低熱值煤氣：這類煤氣的主要成分是一氧化碳，是由空氣中的氧氣，或氧氣與水蒸氣混合物直接與煤炭燃燒而生成的氣體。

2、中熱值煤氣：也叫焦爐煤氣，由煤炭或焦炭乾餾而得，主要成分是氫氣和甲烷，另有少量的一氧化碳、二氧化碳、氮氣、氧氣和其他烴類。

由於煤氣中含有大量的可燃氣體，極易形成爆炸性混合物，所以人們在使用時應當高度重視，以防有中毒或者爆炸的事故發生。

【化學百科講座】

一氧化碳中毒原理

一氧化碳被人體吸入後，會與血液中的紅血球結合，而紅血球是人體輸送氧氣和二氧化碳的工具，所以人一旦吸入了一氧化碳，就會發生組織缺氧的狀況，引發窒息，嚴重者可導致死亡。

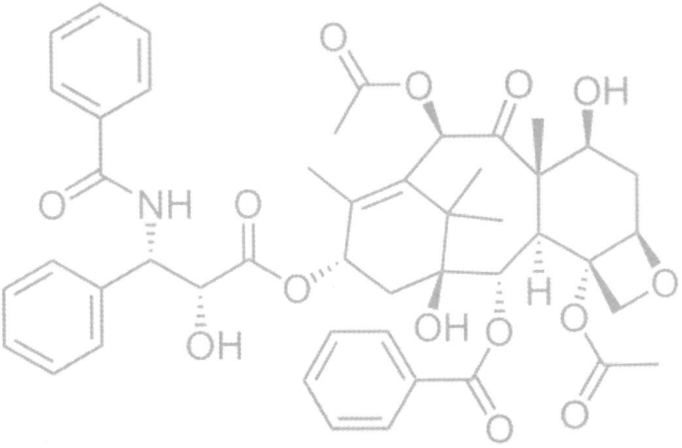

76 煲湯燒出的美味

「味精之父」池田菊苗

在飲食界，有一味調味料曾受到大眾的熱烈歡迎，只要添加了它，菜餚的味道就會變得非常鮮，令人垂涎欲滴。

該調味料就是味精。

儘管到了現在，很多人已經知曉了味精對人體的壞處，不過仍有一些餐館喜歡添加味精，以增加菜餚的鮮度。

味精的發明產生於二十世紀初，歸功於日本化學家池田菊苗。

池田菊苗有一個賢慧的妻子，平時池田在大學裡當教授，忙得腳不沾地，他的妻子就在家收拾屋子，照料老人和孩子，一家人生活得其樂融融。每天晚上，池田都會準時回到溫暖的家裡，和父母、妻兒共進晚餐，即便他下班晚了，家人也還是會一起等他，池田家就是這麼恪守規矩。

有一天，池田菊苗又加班了，結果回來的時候飯菜都有些涼了，他非常抱歉，但溫婉的妻子卻笑道：「你工作這麼辛苦，我們等你一下也是應該的，我去把飯菜熱一下。」

說完，她就端著盤子走進了廚房。

當池田的妻子熱黃瓜湯的時候，她看到砧板上剩餘了幾根海帶，就把海帶放入湯裡，熱完之後重新端上桌，給丈夫盛了一碗。

池田菊苗早就餓了，他狼吞虎嚥地吃著，又給自己灌了一大口黃瓜湯。

忽然，他的動作慢下來。

他驚奇地瞪大眼，望著妻子，問道：「妳在湯裡加了什麼？」

妻子見丈夫的表情有異，以為出了什麼事情，便猶豫地回答道：「黃瓜啊！」

「除了黃瓜呢？」池田菊苗追問道。

「鹽？」妻子見丈夫表情嚴肅，確定真發生什麼事了，頓時手足無措。

池田菊苗卻陷入了深思，他喃喃自語道：「奇怪，今天的湯怎麼會這麼鮮啊！」

在好奇心的驅使下，他用湯匙攪動了幾下黃瓜湯，發現湯裡有黃瓜、納豆，但這些都是妻子做湯常放的食材，而他並沒有吃出什麼鮮味。

當他再次攪動湯匙時，海帶出現了。

也許這就是答案！池田心想。

化學家就是不一樣，一般人可能會忽視掉的烹飪技巧，到了化學家的眼裡，就變成了奇特的化學反應。

池田開始研究海帶的成分。

經過半年的不懈努力，他終於提取出一種叫谷氨酸鈉的物質，因為該物質能使菜餚的鮮度提高，池田就將其命名為「味精」。

後來，他又發現，原來谷氨酸鈉不只藏在海帶中，還蘊含在小麥和脫脂大豆裡，這使得味精的產量大大提高，以致能擴展到全世界。

池田菊苗

池田因此申請了味精的專利，還成立了「味之素」公司，他的名字因味精而被世人熟知。

味精是一種白色柱狀晶體或結晶性粉末，主要成分為谷氨酸和食鹽。

谷氨酸是蛋白質最後分解的產物，是氨基酸的一種，所以在常溫常壓情況下，對人體是有益的。

谷氨酸鈉易溶於水，不過在固態情況下，只有當溫度達到兩百二十度時才會熔化，所以不難理解為什麼當我們去飯店吃炸雞等食物，仍能從炸雞的表面看到凝固著的大量味精。

味精到底有多鮮呢？以下數字可以說明：

◎兩百倍：普通蔗糖用水沖淡兩百倍，甜味會消失。

◎四百倍：當食鹽用水沖淡四百倍時，鹹味就會喪失。

◎三千倍：將味精用水沖淡三千倍時，鮮味猶在！

【化學百科講座】

味精是否對人體有危害？

科學家證實，味精在一百度時加熱半小時，約能生成百分之〇．三的焦谷氨酸鈉，焦谷氨酸鈉雖然本身沒毒，但會使鮮味喪失，而且會限制人體對鎂、鈣、銅等礦物質的吸收，還會導致人體缺鋅。

所以，有些人在過多地食用味精後出現了視力下降、掉頭髮的症狀。

另外，味精在鹼性環境中，會產生化學反應，生成谷氨酸二鈉，這種物質是對人體有害的，所以味精的存放環境一定要加以注意。

77 第一塊安全玻璃的問世

神奇的乙醚

玻璃，在人們的心中總是易碎的，但是科技總是想挑戰高難度，很多看似不可能的事情，竟然在化學家手中化腐朽為神奇。

一九九八年二月九日，一個月黑風高的夜晚，格魯吉亞總統正乘坐著自己的轎車行駛在回家的路上。

突然，車輛前方猛地跳出二十多名殺手，然後便是一通瘋狂的掃射。歹徒們看來想徹底置總體於死地，還扔出了手榴彈。

當密集的槍聲消散後，總統的轎車已經快成了一堆廢鐵，但令人驚訝的是，總統居然安然無恙！

奇蹟是怎麼發生的呢？

原來，多虧德國政府送給總統的這輛價值五十萬美元的防彈汽車，總統的轎車不僅金屬材料防彈，玻璃也是安全玻璃，所以子彈無法穿透，這才讓總統撿回一命。

那麼，第一塊安全玻璃又是怎麼發明出來的呢？

這要歸功於法國化學家貝奈第特斯，是他用化學作用重新定義了玻璃的概念。

有一天，貝奈第特斯在實驗室裡配製藥劑，由於實驗桌上的瓶瓶罐罐實在太多，貝奈第特斯可能有點放不開手腳，當他轉身之際，他的衣袖掃到了幾瓶試管上，將玻璃瓶打翻在地。

「糟糕！」貝奈第特斯大叫一聲，趕緊收拾地上的玻璃殘渣。

由於怕受腐蝕，他戴上了手套，開始小心翼翼地檢查每個破碎的玻璃瓶裡裝的化學物質，決定再重新予以配製。

有一個玻璃瓶沒有壞，於是被他放到了一邊，其他的玻璃瓶則都碎得不成樣子，被貝奈第特斯撿起後扔進了垃圾桶。

忽然，一個疑問在貝奈第特斯心頭冒了出來：那個玻璃瓶怎麼沒有壞呢？明明掉在地上的玻璃瓶的材質都是一樣的啊！

他趕緊將沒有被打碎的玻璃瓶拿到手中，仔細地查看，發現瓶身上除了有一些小裂紋之外，基本上完好無損。

「為什麼會這樣呢？」貝奈第特斯嘟囔著，嗅了嗅瓶口。

原來瓶子裡曾經裝過溶解了硝化纖維的乙醚溶液。

「怪不得，硝化纖維在乙醚的作用下形成了一層薄膜，將瓶子的內壁牢牢地黏住了！所以瓶子才沒碎！」貝奈第特斯興奮地說。

當明白了這點後，貝奈第特斯按捺不住激動之情，做了很多實驗，證實硝化纖維薄膜具有高效黏合的功能。

不過光是一層玻璃加一層薄膜，仍舊不夠堅固，有什麼辦法能夠使玻璃的硬度加強呢？

貝奈第特斯絞盡腦汁想改善硝化纖維薄膜的成分，可是事與願違，他發現似乎沒有物質能比硝化纖維更適合做薄膜的了。

他的助手見他如此苦惱，就開玩笑地說：「一塊玻璃不行，就用兩塊！」貝奈第特斯如醍醐灌頂：對呀！兩塊玻璃不就更加堅固了嗎！

他連忙找來兩塊玻璃，並在玻璃之間塗上一層硝化纖維薄膜，又經過反覆實驗，終於發明了第一塊安全玻璃。

由於這種玻璃抗摔，還能抵禦地震帶來的劇烈震動，所以貝奈第特斯將這塊玻璃命名為防震玻璃，這就是如今的安全玻璃的開山鼻祖。

乙醚是一種無色有刺激性氣味的透明液體，它是醚類中最典型的化合物，如今醫生做手術的麻醉劑就是用的乙醚。

乙醚容易蒸發，其蒸氣比空氣重，它的化學反應如下：

1、乙醚能在空氣裡緩慢氧化成過氧化物、醛和乙酸，過氧化物在溫度達到一百度以上時會發生劇烈爆炸。

2、當乙醚遇到無水硝酸、濃硫酸、濃硝酸的混合物時，會發生爆炸。

3、乙醚可溶於苯類、石油醚、油類和低碳醇，微溶於水。

4、乙醚可做為油類、染料、脂肪、樹脂、硝化纖維、香料等的優良溶劑。

5、由於乙醚易揮發，還易生成易燃易爆物質，所以需小心儲存。

【化學百科講座】

安全玻璃的種類

1、鋼化玻璃：將玻璃均勻加熱軟化，然後迅速使其降溫而得，這種玻璃很硬，可耐熱抗震。

2、夾層玻璃：兩片或多片玻璃組合，玻璃之間有化學膠黏合，這是貝奈第特斯的玻璃的改進版，夾層玻璃能抗衝擊，而且碎片不會飛濺。

3、防彈玻璃：由鋼化玻璃等高強有機材料採用夾層工藝製成，能抵禦槍彈的襲擊，還具有防盜功能。

4、防火玻璃：兩片玻璃間有一層透明凝膠，可吸熱。

5、夾絲玻璃：玻璃內部有金屬絲或金屬網，由於金屬有導熱功能，所以在火災發生時能有效阻止火焰蔓延。

6、防護玻璃：玻璃中含有能吸收射線和紫外線的鉛、硼等物質，保護人體免受輻射。

78 浪費掉的財富

雨衣創始人麥金杜斯

在美洲，有一種橡膠樹，當樹皮被劃破時，樹幹就會分泌出一種黏稠的液體，當液體凝固後，就成了橡膠。

當年哥倫布發現美洲時，他並不知道橡膠是怎麼生成的，所以對橡膠非常感興趣，還將一個橡膠球帶回了歐洲。

歐洲人也對橡膠十分好奇，他們不明白為何這麼一個黑色的小玩意兒會一蹦三尺高，簡直太不可思議了。

很久以後，人們才逐漸明白橡膠的由來，並將其廣泛應用於各種行業，但是，在關係到人們日常生活的日用品領域，人們卻忽視了一個重大商機。

更為可惜的是，英國工人麥金杜斯發現了這個商機，卻沒能好好利用，反將成果拱手讓給了他人，實在令人扼腕。

在一八二三年的一個夏天的傍晚，天空又下起了滂沱大雨，在橡膠廠工作的麥金杜斯計算著下班時間，開始心不在焉起來。

他一不留神，將橡膠溶液滴在了自己的外套上，連忙拿著抹布去擦。

事與願違，橡膠溶液不僅沒有被擦掉，反而糊在了衣服上，像一層無法剷除的鍋巴，怪難看的。

麥金杜斯嘆了一口氣，他平時衣服沒幾件，只有身上的外套是比較新的，因而也是他最喜歡的，可惜今天出了這麼一檔事，他連唯一的一件好衣服也沒了。

算了，又沒破，繼續穿吧！麥金杜斯安慰自己。

於是，他穿著塗了橡膠的外套回家了。

回家後，他發現自己的外套從外到內都濕了，就是塗了橡膠的地方沒有濕。他覺得很新奇，就拿水去滴那塊浸有橡膠溶液的衣料，結果發現衣料果真如同塗了防水膠一樣，一點都不怕水。

麥金杜斯靈機一動，第二天，他來到工廠後，乾脆將昨天沾有橡膠溶液的外套整個塗抹上橡膠，於是，人類歷史上的第一件雨衣生成了。

以後，每逢颳風下雨，麥金杜斯總是樂呵呵的，他覺得自己的外套平常可以穿，下雨天還能防水，真的是一衣兩用，賺到了！

後來，其他工人知道了麥金杜斯的祕密，也學著做雨衣，結果橡膠雨衣的名聲逐漸大起來，被很多人知道了。

此事傳到了一個叫帕克斯的化學家的耳裡。帕克斯也動手做了一件雨衣，可是令他失望的是，這種雨衣硬邦邦的，穿在身上很不舒服，並且一點也不美觀。

不過帕克斯沒有放棄，他要改良雨衣，使之成為受大眾歡迎的用品。

帕克斯對雨衣進行試驗的消息也傳到了麥金杜斯的耳中，可是他一點也不在意，只要能每天按時上下班，然後有一件防水的雨衣就夠了，其他的，麥金杜斯覺得都是在白費力氣。

十幾年後，帕克斯終於成功了，他用二硫化碳溶解橡膠，然後將溶液塗抹在衣料上，使得雨衣既舒適又美觀，一問世就受到了人們的熱烈歡迎。

帕克斯還申請了專利，並將專利賣給了一個名叫查理斯的商人，獲得了一筆鉅額財富。

這時麥金杜斯才後悔莫及，做為第一個發明雨衣的人，他到最後收穫的，僅僅是讓自己的名字成為英語中人們對雨衣的稱呼。

橡膠是一種彈性極強的聚合物材料，在室溫條件下，能在受到擠壓後迅速恢復原形。

這是為什麼呢？

因為橡膠的分子鏈是可以交互的，所以無論是何種形狀，橡膠總能保持穩定的性質。

橡膠可分為天然橡膠和人工橡膠。

天然橡膠由一種三葉橡膠樹流出的膠乳凝固並乾燥而成，它的基本成分是橡膠烴，而人工橡膠是採用熱塑性塑膠加工而成。天然橡膠的價格比人工橡膠要貴許多。

【化學百科講座】

橡膠老化的原因

橡膠在使用過程中會逐漸發生龜裂、發黏、變硬、變色、變軟、發霉等老化現象，這些現象是如何產生的呢？

1、氧化：氧與橡膠分子發生反應，致使橡膠的分子鏈發生斷裂。

2、熱分解：溫度過高時，橡膠分子的分子鏈會斷裂。

3、光分解：光能同樣對橡膠分子鏈有破壞作用。

4、水溶解：橡膠中有親水物質，容易被水溶解。

5、油溶解：油類能使橡膠溶脹。

6、機械外力：機械力過大，橡膠分子鏈就會產生斷裂，引起龜裂現象。

紅酒杯中的魔術

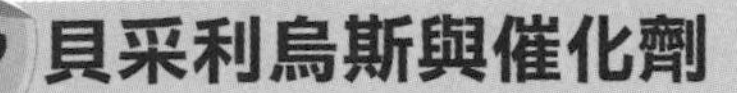

貝采利烏斯與催化劑

貝采利烏斯是瑞典著名的化學家，他一生的科學貢獻頗豐，比如發現了矽、硒、釷、鈰元素，被譽為「有機化學之父」。

不過這些的吸引力都比不上一個「魔術」，正是這個「魔術」，讓貝采利烏斯為人們所津津樂道。

故事發生在一百多年的一個秋日，那天，貝采利烏斯一整天都泡在實驗室裡，幾乎忘了晚上還有一個重大的宴會——妻子瑪利亞的生日晚宴。

天色已晚，忙昏了頭的貝采利烏斯才猛地一拍腦袋，暗叫：「不好，今天是老婆生日，老婆要生氣了！」

於是，他匆忙披上外套，連手也沒有洗就回家了。

他剛踏進家門，就發現家中站滿了前來道賀的親朋好友，瑪利亞雖然面帶不悅，卻還是大方地遞給丈夫一杯酒，讓他與眾人碰杯。

貝采利烏斯看著杯中的紅色液體，笑著問妻子：「什麼酒？烈酒我不喝。」

妻子正在生氣丈夫晚歸，便開玩笑道：「就是烈酒，你不喝也得喝！」這時，賓客們湧到貝采利烏斯的面前，一起向他敬酒。

貝采利烏斯見大家非常熱情，也不好意思說要去洗手，就將杯中的酒一飲而盡。

突然之間，貝采利烏斯皺眉道：「瑪利亞，妳怎麼給我倒了杯醋啊！」

瑪利亞愣住了，賓客們則捂著嘴偷偷地笑。

瑪利亞疑惑地說：「我明明給你倒的是蜜桃酒。」

說完，她拿起半瓶蜜桃酒，再次給丈夫倒了一杯，然後關切地說：「你再喝喝看，剛才我就是從這瓶酒裡倒給你的。」

貝采利烏斯端起杯子，淺酌一口，馬上又苦著臉說：「不對！還是醋！」

瑪利亞不相信，她說：「其他人喝的都是酒，怎麼跑到你杯子裡就變成醋了？」

她搶過丈夫的杯子，將蜜桃酒一飲而盡。

很快，她神色大變，將酒猛地吐了出來，驚訝道：「真的是醋！」

「你們夫妻在變魔術吧！讓我們也嚐嚐醋，如何？」圍觀的賓客們打趣道。

瑪利亞也糊塗了，她跟其他人解釋道：「真的，我倒的真的是酒，但是不知為何，喝下去就成了醋！」

聽了妻子的話，貝采利烏斯的心頭湧起了大大的疑團：難道真的是紅酒杯中有魔術嗎？

他不禁向杯中看去，赫然發現酒杯裡沉澱著一些黑色的粉末，這才想起自己手上還沾有從實驗室裡帶出來的鉑黑粉末。

這些粉末是他在研磨鉑礦石時沾上去的，可能就因為鉑黑，酒精才會加速和空氣中的氧發生反應，從而生成了醋酸。

貝采利烏斯在推算出這個結論後非常開心，他經過深入研究，在一八三六年發表了一篇論文，首次提出「催化劑」的概念。

他認為，在化學作用中加入某些物質，可以使反應的速度加快，而催化劑的作用就被稱為「催化作用」或「觸媒作用」。

在工業上，催化劑被稱為觸媒，它能加速化學作用，但是在反應前後，它的品質、化學性質不會發生任何變化。

關於催化劑的組成：它可以是單一的化合物，也可以是混合的化合物。

關於催化劑的作用：不同的催化劑可以產生不同的效果。

不過，催化劑並不是一把萬能鑰匙，只有在它能發揮作用的化學反應中，它才能發揮催化的效果，但是一種反應可以有好幾種催化劑。

比如：氯酸鉀受熱分解的反應中，催化劑是二氧化錳、氧化鎂、氧化鐵、氧化銅等。

【化學百科講座】

食醋的主要成分——醋酸

酒精，也就是乙醇，在經過氧化作用後會生成醋酸。

醋酸也叫乙酸，是一種有機酸，也是人們日常調味料食醋的主要成分，醋裡的氣味和酸味就來自於醋酸。

醋酸是弱酸，所以有輕微的腐蝕性，但是醋的好處有很多，它能美容，對高血壓患者具有一定的保健作用。

80 灰燼裡的明珠

「混血兒」玻璃

在二十一世紀，玻璃成為最常見的建築材料，並在日常生活中發揮著重要作用。

不過，早在西元四世紀的時候，玻璃就已經被羅馬人製造出來了，還被廣泛用於門窗之上。

可是玻璃是一種經過化學反應生成的物質，在古代，人們是怎麼發現玻璃的呢？

這還得從三千年前說起。

當時，歐洲的腓尼基人經常出海採礦，有一次，一支船隊從一處鹽湖中發現了大量的蘇打石，他們非常高興，就不停地挖礦，挖出了很多白色的礦石晶體。

蘇打石是鹼礦的一種，又稱重碳酸鈉鹽，可製鹼。船員們裝了一船艙蘇打石之後，因為收穫頗豐，所以心情極為愉快，就駕著船開始往回走。

當船進入地中海沿岸的貝魯斯河時，突然遭遇海水落潮，結果商船被迫擱淺，船員們紛紛上岸，試圖將船推回河中，奈何裝滿了礦石的商船紋絲不動，大家只得作罷。

這時候，天色已經漸漸暗下來，船員們覺得連日辛苦操勞，不如今晚就好好休息一下，明日等漲潮再走，於是就從船上搬來大鍋，準備生火做飯。

可是沙灘上都是細密的沙子和殘破的貝殼，連一塊能架鍋的大石頭都沒有，這不免讓船員們很為難。

還好有一個機靈的船員想出了一個辦法：「把那些蘇打石搬來幾塊不

就能架鍋了嗎？」

大家都笑起來，讚嘆這個主意好，於是有幾個船員搬來了石頭，大家一起燒起了熱騰騰的飯菜。

這頓飯吃得很熱鬧，大家頭頂繁星，聽著海濤起伏的聲音，一邊吃飯一邊開玩笑，既有趣又有情調。

等到將鍋碗收走，有人忽然指著鍋底灰燼喊了一聲：「快看！那些亮晶晶的是什麼東西？」

眾人藉著燦爛的星光循聲望去，果然看到灰燼裡有一些發光的物體。

大家連忙把草木灰扒開，頓時，幾塊晶瑩透明的東西出現在船員們的面前，而在這些東西的表面，還沾有一些石英砂和融化的蘇打石。

「之前可沒有這東西啊！」有些人疑惑地說。

「會不會是石英砂和蘇打石混在一起一燒，就變成了這種玩意兒？」又是那個機靈的船員在說話。

大家紛紛點頭，覺得很有可能是這個原理。有船員笑道：「我看我們找到了比蘇打石要貴重很多倍的東西！」

「是啊，不虛此行啊！」其他人笑著回應。

回國後，船員們將石英砂和天然蘇打放入鍋爐中熔化，製成透明的玻璃球，果然賺了很多錢，而玻璃也隨之走進千家萬戶，成為大眾的常用物品。

玻璃工藝品

玻璃的主要成分為矽酸鹽，是二氧化矽的氧化物，而石英砂是石英石的顆粒物，主要成分就是二氧化矽，所以古人用石英砂製作玻璃是聰明之舉。

如今，人們製作玻璃的原料為石英砂、純鹼、長石及石灰石，若在反應中添加其他化合物，就能製成不同顏色和不同用途的玻璃。

玻璃的發展歷程如下：

遠古時代：火山噴發，熔化的酸性岩噴出地表凝固而成。

三千七百年前：古埃及人製造出了有色玻璃飾品和器皿。

一千年前：中國製造出了無色玻璃。

十二世紀：出現了商品玻璃。

十七世紀末：納夫製作出了大塊玻璃。

十八世紀：光學玻璃誕生。

十九世紀：比利時製出平板玻璃。

【化學百科講座】

老式玻璃為何會發紫？

玻璃原本呈現出的是綠色，人們在玻璃的製作過程中加入二氧化錳，使得鐵離子呈現黃色，錳離子呈現紫色，黃與紫混合後就變成了白色。

可惜年代一久，錳離子持續氧化，紫色會越發明顯，所以老式玻璃就會發紫了。

81 挽救瀕死之人的福星

抗菌的苯酚

在十九世紀，外科手術遠不像如今這麼安全，很多人一聽到醫生說要動手術就嚇得直打哆嗦，有的甚至情緒激動，堅決不肯在自己身上動刀。

為何病人們要如此堅定地拒絕挽救自己生命的外科手術呢？

因為在那個時代，經常會出現術後感染，而且死亡率非常高，所以大家都對手術有心理陰影，覺得這是要奪人性命的行為。

一八六一年，英國的約瑟夫·李斯特前往格拉斯哥皇家醫院，成為了一名外科醫生，本著救死扶傷的職業精神，他對醫院裡的手術患者大量死亡的事件心急如焚。

基本上，病人在手術後都會出現術後併發症，得一些比如壞疽病之類的高風險疾病，李斯特發誓一定要杜絕這種情況的發生，讓手術變得安全起來。

於是，他決定去視察病房。

當病房的門被推開的一瞬間，李斯特非常吃驚！

房間裡有七、八個病人，他們所用的杯子等用品都很不乾淨，甚至床沿上也積了一層厚厚的灰塵，而房內的空氣裡也有股嗆鼻的味道，聞起來很不舒服。

這時陽光從窗戶裡透進來，在金色的光線中，無數細小的灰塵在空中飄浮，看得人怵目驚心。

約瑟夫·李斯特

李斯特厲聲問護士：「為什麼不好好打掃病房？」

年輕的護士低著頭，囁嚅道：「以前沒有吩咐要打掃過……」

李斯特嚴肅地說：「從今天起，每個病房都要打掃乾淨，不能偷懶！」

從此，病房變得整潔了很多，可是令李斯特揪心的是，手術病人的死亡率仍保持高比例。

李斯特很著急，他專門召開研討會，討論這個問題。

很多醫生認為是醫院周圍的有毒蒸氣導致了病人的感染。可是為什麼那些蒸氣只針對動過手術的病人，而對一般的病患不起作用呢？

帶著這些疑問，李斯特冥思苦想了好幾年，終於在一八六五年找到了答案。

那一年，他從法國生物學家巴斯德的論文裡學到了細菌知識，他幡然醒悟：原來病人的傷口感染是由細菌引起的！

那該如何抑制細菌呢？

李斯特心想，術後再進行殺菌肯定為時已晚，不如在術前就做好防範措施，才能在最大程度上減輕感染。

於是，他又開始為尋找殺菌藥物而忙碌不堪。他翻閱了大量書籍，又嘗試過很多消毒劑，終於尋找到了一種有效的化合物——石炭酸。

石炭酸就是苯酚，李斯特將苯酚溶液噴灑在手術室裡，還噴在外科醫生的手上，獲得了令人驚喜的成果。

病人的術後死亡率顯著下降，在短短四年時間裡，竟由百分之四十五減到百分之十五！

李斯特備受鼓舞，在此後的幾十年裡，他都在積極地對外推廣苯酚這種手術消毒劑，並獲得了人們的普遍認同，他的滅菌原理拯救了許多病患的生命，為人們所崇拜和敬仰。

苯酚是一八三四年由德國化學家龍格在煤焦油中發現的，石炭酸之名由此而來。

苯酚的屬性如下：

顏色：白色。

外形：有特殊氣味的無色針狀晶體。

化學性質：常溫下微溶於水，易溶於有機溶劑；在空氣中被氧化成粉紅色的醌；溫度高於六十五度時，能與水按任意比例互溶。

作用：苯酚能消毒、殺菌、止癢、治療中耳炎，還是阿斯匹林等藥物的重要原料。

危害：會強烈地腐蝕皮膚和黏膜，還會抑制中樞神經，並造成肝腎功能的衰竭；苯酚是易燃物，應小心存放。

【化學百科講座】

醫用消毒藥水的種類

1、酒精：百分之七十至百分之七十五濃度的水溶液可用於皮膚表面的消毒。

2、苯酚：百分之三至百分之五濃度的水溶液可用於手術器材消毒。

3、新潔爾滅：百分之五濃度的水溶液可用於皮膚、醫藥器材消毒；

4、雙氧水：百分之三濃度的水溶液可用於清潔傷口。

5、紫藥水：百分之一濃度的乙醇、水溶液可用於皮膚黏膜感染及燒傷、燙傷。

6、碘伏：百分之一或以下濃度的水溶液可用於燒傷、凍傷、擦傷、刀傷等傷口的消毒。

82 偷懶調出風靡全球的飲品

可口可樂

如今哪種飲料風靡全世界？

答案是：可口可樂。

這種甜中帶酸的焦糖色汽水自發明以來就迅速擄獲了人們的心，成為稱霸全球的飲品。

可是誰又能猜到，可口可樂原本不是飲料，而是一味藥，只是由於它的味道太好了，才使自己的功能發生了變化。

西元一八八五年的一個中午，在美國喬治亞州亞特蘭大市的一個小鎮上，有個名叫約翰·斯蒂斯·彭伯頓的藥劑師正在藥店裡悠閒地午休。他剛飲用了一些古柯酒，腦袋有些昏沉，絲毫沒注意店裡來了一個十歲的小男孩。

「有人嗎？」男孩捏著錢，怯生生地問。

他的額頭只比櫃檯高那麼一點點。

彭伯頓即將進入夢鄉，並未聽到男孩細如蚊蠅的詢問聲。

小男孩見店裡無人應答，只好又加大嗓門問了一遍。

這一次，彭伯頓被吵醒了，他揉著眼睛，不停地打哈欠，臉上滿帶著慍色，起身問道：「誰呀？」

「老闆，我爸讓我來買治療頭痛的藥水。」男孩眼睛盯著地面，小聲地說。

彭伯頓半睜半閉著眼睛，略暴躁地說：「古柯柯拉？」

「是的。」小男孩點頭道。

於是，彭伯頓開始翻箱倒櫃去找管頭痛的藥水，然而，他找了好半天才發現，店裡的古柯柯拉賣光了。

怎麼辦呢？鎮上就自己這一家藥店，要是連治頭痛的藥都沒有，還不得給人笑話？

彭伯頓非常鬱悶，他的目光掃到了自己剛才喝的古柯酒上，忽然想到一個主意：反正古柯酒也能治頭痛，就隨便配一味藥給顧客，又沒有毒。他便在古柯酒裡加上蘇打水和糖漿，攪拌均勻，然後賣給了小男孩。

終於可以休息了！

彭伯頓滿意地打了個哈欠，又忙著跟周公約會去了。

誰知，半個小時後，小男孩又來到藥店，再次將彭伯頓吵醒。

「老闆，我還要一瓶古柯柯拉！」小男孩將零錢直接攤到了櫃檯上。

彭伯頓有點驚訝，隨口問道：「你爸的頭痛藥這麼快就喝完了？」

「是的！」小男孩有點不好意思，他搓著手說，「我爸說味道好極了，我也嚐了一點，所以就想再買一瓶。」

彭伯頓非常驚訝，他按照半個小時前的調配方法又配了一瓶頭痛藥水，然後親自嚐了一口，發覺很好喝，就將這種藥水的調配方法記了下來，準備再改良一番就向外兜售。

這一年恰逢亞特蘭大政府發出了禁酒令，彭伯頓只得重新尋找能夠代替酒精的物質來配置藥水，後來他終於成功了，並將自己的發明取名為「可口可樂」。

可口可樂的配方後來被彭伯頓的好友艾薩以兩千三百美元的價格買了下來，並於一八八六年開始銷售。

儘管可口可樂問世的第一年銷量不佳，但艾薩不斷開設分公司，積極推廣這種新型飲料，終於打開了銷路。

至今，光是可口可樂的品牌價值，就已達到兩百多億美元。

由於彭伯頓是退伍軍人並在戰爭中受了傷，所以他對鎮痛的嗎啡上了癮，後來他為了戒癮，就用古柯葉和古柯酒來提神。

古柯葉中含有可卡因，能興奮神經，具有麻醉作用，卻也是世界著名的毒品之一，至於酒精，就更不用說，也會致人上癮。

所以最初的可口可樂裡的成分並不算有益，可是後來彭伯頓卻找到了一種能夠代替可卡因和酒精的配方，使可口可樂既能使人興奮，又不致上癮。

一張一八九〇年代廣告海報，一位穿著精美衣服的女子在飲用可樂。廣告語為「花五美分喝可口可樂」，作品中的模特為希爾達·克拉克。

至於蘇打水，因含有二氧化碳而使人心情愉悅，糖漿能觸發味蕾對甜味的認知，所以這些因素綜合起來，使可口可樂成為了最受歡迎的飲料之一。

【化學百科講座】

可口可樂的神祕配料——7 K

每天，全球約有十七億人在飲用可口可樂，而可口可樂的銷量遠超其死敵百事可樂，它之所以能獲得如此多人的青睞，取決於它的祕方——7 K。

據悉，可口可樂中百分之九十九的配料是公開的，只有百分之一的7 K是可口可樂公司的絕對機密。一百多年來，無數的化學家想破解這一祕方，均無功而返，甚至有人猜測，全世界只有不到十個人知道這一祕方的真正面目。

83 紡織女的豪門夢

石頭織布的神奇故事

在很久以前，有一個勤勞而善良的紡織姑娘，當她還是個孩子時，就學會了跟母親織布，她織出的布柔韌順滑、花紋豔麗，因此在家鄉頗有名氣。

乍一聽，是否很有童話色彩？不過，這可是個現實版的童話故事。

當紡織女長到十六歲時，她的家人開始著急了，整天在她耳邊說：「妳看，隔壁家的安娜比妳小一歲都結婚了，河對岸的瑪麗都當孩子的媽了，妳也要趕緊找個男人！」

紡織女有點無奈，她除了織布，根本就沒時間認識男人！況且她所在的那個貧窮的小山村，也沒有她看得上的男人。

可是父母之命難違，再加上有一天，她聽到家人要讓她跟鄰居家的威廉相親，心中一百個不高興，就日夜趕工，織出了一匹華美的綢緞，然後剪裁出一件精美絕倫的禮服，逃到皇城裡去了。

原來，紡織女聽說王子要舉行舞會甄選未婚妻，就想去碰一碰運氣。

她的運氣果然不錯，首先，王子不是一個腦滿腸肥的醜男，而是一個帥哥；其次，王子真的看上她了，並且整個舞會期間，跟她跳的舞次數最多。

舞會結束後，王子帶著紡織女去見國王和王后，提出要娶紡織女為妻。

名畫《紡織女》，題材來自技藝女神巴拉斯與擅長紡織的少女阿萊辛比賽織布的故事。

國王沒什麼意見，可是王后卻細細盤問了紡織女很久，當她聽說紡織女只是一個村姑時，臉上頓時佈滿陰雲，要求王子放棄這門婚事。

王子堅決不肯，他被紡織女的傾城容顏迷得神魂顛倒，堅持要和紡織女結婚。

王后眼珠一轉，想了一個計策，就對紡織女假笑道：「妳不是會織布嗎？我倒是有一個織布的房間，只要妳能在那個房間裡織出一匹布來，我就同意你們的婚事！」

織布女心想，這麼簡單的要求，我肯定能完成，這王妃我是當定啦！

誰知，當她被帶到那個房間後，她頓時傻眼了。

因為這房間裡根本就沒有棉花，只有石頭！

完了，石頭怎麼能織出布來呀！紡織女呆呆地坐在地上，忍不住淚眼滂沱。就這樣一直坐到晚上，紡織女覺得累了，就想小憩一會兒。

突然，地面上冒出一個模樣極為醜陋的小侏儒，嚇得紡織女發出一聲尖叫。

「妳不要怕，我不會害妳，我是來幫妳的！」侏儒示意紡織女噤聲。

紡織女本來就是個大膽的人，她見侏儒沒有惡意，就與對方攀談了起來，這才得知，侏儒願意幫自己織布，但有個條件，就是要王后的三滴血。紡織女同意了。

於是，侏儒在房間中央架設起鍋爐，將石頭與一些藥水放進爐中，燒製成液體，然後再唸動咒語，真的拉出了像蠶絲那樣雪白的絲線。

紡織女看得目瞪口呆，她在侏儒的幫助下完成了王后交予的任務，王后暴跳如雷，又想抵賴。紡織女氣憤至極，她拿著紡錘，假意要給王后獻布，在靠近王后的一剎那，她將尖銳的紡錘戳到了王后的手上。

頓時，王后慘叫一聲，鮮血如珍珠般滴落下來，正好滴了三滴。

這時，侏儒出現了，她的周身披上了一層血紅的煙霧，等霧氣散盡後，她成了王后的樣子，而受傷的「王后」終於暴露出本來面目，原來，她是一個巫婆。

最終，紡織女和王子快樂地生活在了一起。

用石頭織布真的只是一個魔法嗎？

其實，用化學方法就可以讓魔法成真。

石頭織布的原理實際上是製作玻璃的化學反應。大概在四千五百年前，古埃及和美索不達米亞人就掌握了石頭製作玻璃的技術。

石頭織布的過程如下：

1、將砂岩和石灰等物質碾碎，放入窯爐。

2、在爐中加入化學原料，在高溫情況下將碎石熔化；將溶液拉成極細的玻璃纖維，這樣就能紡紗了。

用玻璃纖維織成的布叫玻璃布，具有耐高溫、耐潮濕、耐腐蝕等特點，在化工、航空、建築等行業正發揮著越來越大的作用。

【化學百科講座】

玻璃纖維有多細？

玻璃纖維是一種無機物，它的直徑非常細，舉個例子，人的一根頭髮絲的直徑是〇．〇五至〇．〇八毫米，而玻璃纖維的直徑只相當於頭髮絲的二十分之一至五分之一。

不過玻璃纖維雖細，抗拉強度卻很大，而將單根玻璃纖維聚集成纖維束，則更能抵抗拉伸，所以被應用於很多領域。

84 「玩火」的瘋狂科學家

嚐出來的糖精

做過化學實驗的人都知道，很多化合物是有毒的，不能隨便食用，可是生於十九世紀的俄國化學家康斯坦丁·法赫伯格卻拿自己的性命當兒戲，玩起了亂吃東西的「遊戲」。

當時是一八七七年，巴爾的摩的一家公司慕名前來，雇傭法赫伯格分析糖類的純度。

不過，該公司和法赫伯格都沒有實驗室，法赫伯格只好請求約翰霍普金斯大學的化學家伊拉·萊姆森借一個實驗室給自己。

萊姆森非常大方，不僅讓法赫伯格把糖純度的分析做完，還允許後者進行其他的實驗。

一來二去，法赫伯格就跟萊姆森成了朋友，兩個人一塊兒做起了實驗。

第二年的六月，法赫伯格研究起了煤焦油的衍生物。

有一天，他工作到很晚才回家，因為太餓了，等不及妻子拿來刀叉，他就立即用手抓著飯菜往嘴裡送。

吃著吃著，法赫伯格覺得不對勁了。

他每吃一樣菜，都會覺得味道特別甜，後來他乾脆只吃主食，沒想到主食照樣甜得厲害。

「親愛的，妳今天放了不少糖啊！」法赫伯格笑著揶揄妻子。

妻子卻驚訝地搖搖頭，說：「沒有啊，我今天只放了一點點糖。」

法赫伯格皺起了眉頭，他轉而思考飯菜為什麼會甜的問題，連吃飯都忘了。

回家之前，他好像沒去什麼地方，除了實驗室。

對了，實驗室！

法赫伯格茅塞頓開，他想起自己在離開實驗室的時候沒有洗手，只是胡亂地用手絹擦了擦就完事。

「我明白了！」法赫伯格歡呼雀躍，他全然忘了自己已經回家的事情，一把從衣架上抓起外套就往外趕。

妻子驚呼：「親愛的，你要去哪裡？」

「實驗室！」法赫伯格頭也不回地拋下這句話，就如旋風一般地走了。

當他再次來到實驗室後，做了一個瘋狂的決定——他要把下班前所有容器裡的東西品嚐一遍，直到找到那種很甜的物質為止。

法赫伯格的舉動在如今看來，無異於「玩火自焚」，可是法赫伯格卻管不了那麼多，他逐一地舔著試管、燒杯中的液體和固體，不停地說：「不是這個，也不是這個。」

很快，他的嘴唇和舌頭變得五顏六色，模樣非常滑稽，像個舞臺上的小丑，最終，在嚐過了六、七種化合物後，他在一個發燙的燒杯中找到了他想要的東西，那就是糖精。

後來，法赫伯格申請了糖精的專利，還雇傭工人在紐約生產糖精，發了大財。

不得不說，法赫伯格非常幸運，他做完實驗後不洗手就吃飯，已經讓自己命懸一線，隨後又亂吃化學物品，讓自己陷入更危險的境地。

但也許是「傻人有傻福」，法赫伯格的「玩火」舉動為他帶來了大筆財富，還讓他得到了一個「糖精之父」的美譽，不得不讓人嘆服。

糖精是一種白色的結晶粉末，熔點很高，在兩百二十九度左右，它的化學屬性如下：

1、微溶於水、乙醚和氯仿，能溶於乙醇、乙酸乙酯、苯和丙酮；

2、與鈉反應後生成的糖精鈉易溶於水。

少量的糖精無毒，但科學家發現，人體在攝入過多糖精後，會影響食慾，並可能出現惡性中毒事件，甚至有致癌的風險。

此外，製造糖精的原料均為石油化工產品，如甲苯、氯磺酸等，這些化工原料都易揮發，且有爆炸的危險，所以工人們在製造糖精的過程中得非常小心。

有一些小作坊在製造糖精時，由於技術不完善，導致大量重金屬、氨化合物等流入環境中，危害著人體健康，值得人們多加注意。

【化學百科講座】

甜品家族

蔗糖：甘蔗、甜菜等植物的提煉物，通常讓人們覺得很甜。

甜葉菊：原產於南美洲的植物，比蔗糖甜兩百至三百倍。

糖精：比蔗糖甜五百倍。

西非竹芋：原產於非洲熱帶森林，比蔗糖甜三千倍。

薯蕷葉防己藤本植物：原產於非洲，果實比蔗糖甜九萬倍。

85 故宮裡的白面女鬼

頑皮的四氧化三鐵

故宮是世界文化遺產之一，也是歷經兩個朝代的皇家宮殿。當然，令中國人最自豪的是，它堪稱全球最大的木質結構的宮殿群落。

隨著清王朝的倒臺，故宮開始衰敗，有很多庭院倒塌，另有一些建築因無人居住而荒草叢生，增添了故宮的肅殺氣氛。

這時候，一些傳聞在民間散播開來。

有人說，故宮裡有很多冤死的鬼魂，因此陰氣極重，晚間不可在裡面走動。

還有一些人說，當年珍妃被慈禧太后投到井裡後，冤魂一直不能投胎，每天晚上，溺死她的那口井裡還時常會發出女人的哭聲。

諸如此類的傳說讓人不寒而慄，人們晚上不敢靠近故宮。

到了二十世紀八〇年代末，故宮被聯合國教科文組織評為「世界文化遺產」，而後變成博物館，向市民開放。

珍妃井

民眾能一睹昔日皇宮的真容，不由得雀躍不已，紛紛買票入宮觀看，一時間，故宮裡人滿為患。

這時候，大家似乎都忘了故宮鬧鬼的傳說，因為誰都不曾看到過靈異事件，所以也沒人會往這方面想。

一九九二年一個夏天的下午，天氣異常悶熱，空中積聚了厚厚的一層烏雲，一場雷陣雨似乎一觸即發。

此時快到了故宮的閉館時間，遊客們開始三三兩兩地往大門口走去，大家都期盼著這場雨能等自己回到家之後再下。

老天爺卻彷彿很心急，一道閃電劃過，驚得遊客們躲進了走廊，接著，轟隆隆的雷聲嗚咽著，自天邊滾落下來。

「上午還天氣晴朗，沒想到下午居然會下大雨！」遊客們都沮喪地說，他們幾乎都沒有帶傘。

灰色的天幕瞬間又亮成了刺目的白色，又是幾道閃電劈了下來。

忽然，有人驚叫道：「快看！那是什麼？」

大家連忙轉頭看去，竟然在一面朱紅色的宮牆上看到了三、四個宮女的影子！

那些宮女戴著頭冠，拿著手絹，穿著白色的衣服，僵硬地走著。更可怕的是，她們的臉色煞白如紙，彷彿死屍一般，一些遊客頓時被嚇得叫出聲來。

不過，更多的遊客則是拿起手中的照相機，哆嗦著雙手開始拍照。

那些宮女好像完全沒注意到遊人的舉動，她們依舊甩著白色手絹，不緊不慢地走著，直到消失在人們的視線中。

原本沉悶的氣氛轟然消散，遊客們爆發出激烈的討論聲，大家相信自己撞見鬼了，並且相信故宮裡真的有鬼魂存在。

後來，科學家們給出了合理的解釋。

原來，宮牆的塗料中含有四氧化三鐵，能記錄影像，而閃電則有電能，能將路過宮牆的宮女的模樣錄進宮牆裡，以後若再有閃電出現，變成了「攝影機」的宮牆就可能會把當年的情景播放出去，於是就出現了故事中遊客們所見到的那一幕。

別看四氧化三鐵這個名字很難懂，其實它有個通俗的稱呼，那就是磁鐵。

四氧化三鐵是黑色的晶體，且具有磁性，能溶於酸，卻不溶於水、鹼、乙醇和乙醚等有機溶劑。它的用途很多，通常可做為底漆、面漆和顏料，也是製造錄音磁帶和電訊器材的重要原料。

不過四氧化三鐵若處於潮濕狀態下，容易被氧化成三氧化二鐵，也就是紅色的氧化鐵。

氧化鐵是煉鐵的重要材料，卻不具備錄影功能，所以有些人對四氧化三鐵的解釋提出了異議，使得故宮女鬼成為一個懸而未決的疑團。

【化學百科講座】

鐵鏽的組成

當單質鐵暴露於空氣中，遇上水氣後，會逐漸被氧化成氧化物，也就是鐵鏽。鐵鏽的組成如下：

1、氧化亞鐵：這是與金屬鐵貼合的氧化物。

2、四氧化三鐵：這是貼合在氧化亞鐵上的物質。

3、氧化鐵：這是在四氧化三鐵之上，鐵鏽最外層的物質，也是鐵鏽的主要生成物。

86 撲滅大火的葡萄酒

救命的二氧化碳

深夜，消防隊的電話鈴聲驟然響起。

「是消防員嗎？我們這裡著火了！」電話裡，一個顫抖的聲音驚恐地說。

盡職盡責的消防隊員在接到電話後迅速穿好衣服，開著救火車往事發地點趕去。

這是一個隱匿在葡萄莊園裡的酒廠，歷史悠久，小鎮上販賣的葡萄酒，有相當大一部分出自這個酒廠。

「不能讓酒廠燒毀了，要不然今後我們在餐桌上喝什麼！」儘管很疲倦，消防隊員們還是開起了玩笑，以排解自己的緊張情緒。

當救火車來到酒廠大門口時，大家都吃了一驚，只見沖天的火光在酒廠的屋頂飛舞，將天空映得一片緋紅，酒廠似乎是一個壓抑不住的火藥桶，馬上要爆炸了一般。事不宜遲，消防隊員舉起噴水槍，架上雲梯，義無反顧地向火焰沖去。

「請你們一定要幫忙把火撲滅了，這是摩爾莊園的百年基業啊！」酒廠老闆紅著眼眶，手足無措地說。

消防隊長不得不安慰他：「放心吧！我們會把火撲滅的！」

誰知，就在火勢即將被控制住的時候，出現了意外狀況。

救火車裡的水已經所剩無幾，如果沒有水，就不能滅火了，消防隊員今晚的行動將功虧一簣。

消防隊長一籌莫展，他只得跑到酒廠老闆面前詢問：「酒莊裡有沒有滅火器？」

「滅火器？」老闆目瞪口呆，好半天才回過神來，反問道，「你們不是有嗎？」

隊長不吭聲，與其他消防員一起商量對策。

這時老闆才明白過來，他驚慌失措地對消防員說：「你們再給我多派幾輛救火車！求求你們了！」

隊員們都不言語，因為他們知道，沒了水，火勢很容易再度蔓延開來，到時候就更難搶救了！

「求求你們了！」老闆已經眼淚鼻涕一把了，他嘶啞著嗓音喊道，「我莊園裡有自來水！」

消防隊長搖頭道：「我們考慮過了，但那點水不夠啊！」

這一次，大家幾乎都要絕望了，只能眼睜睜地看著大火越燒越旺。

忽然，隊長的眼睛一亮，他命令道：「快，快把莊園裡正在發酵的葡萄酒拿過來！」

大家不解其意，但還是照做不誤。

當一桶一桶的酒被運過來之後，隊長又命令大家把酒潑向大火。

所有人都感到不可思議：酒是易燃物，怎麼還要往火上澆呢？隊長被火燒糊塗了吧！

可是大家也不敢提出異議，反正火勢已經阻擋不住了，就當幫酒廠一把，讓它早點燒完吧，到時火自然就熄滅了。

於是，大家都端起酒桶往火中倒酒。

沒想到，奇蹟發生了！

澆了酒的火苗居然越來越小，最後竟只剩嫋嫋青煙。

大家驚奇地看著隊長，敬佩地說：「隊長，你什麼時候把酒變成水了？」

隊長這才笑著為大家答惑解疑：「這些未發酵好的葡萄酒裡有大量的二氧化碳，二氧化碳是不助燃的，所以就成了最好的滅火劑！」

說到這裡，大家可能會明白我們生活中所見的泡沫滅火器的滅火原理了。

沒錯，泡沫滅火器就是用二氧化碳撲滅火焰的。在這種滅火器裡面，貯藏有兩種化學物質——碳酸氫鈉和硫酸，不過這兩樣東西平時是用玻璃瓶隔開的，所以當滅火器豎著放的時候不發生反應。

當火災來臨時，將滅火器倒置，碳酸氫鈉和硫酸混合在一起，生成了硫酸鋁和二氧化碳，此時再加上一點發泡劑，帶有大量泡沫的二氧化碳就噴薄而出了。

【化學百科講座】

原理不同的幾種滅火器

除了泡沫滅火器外，還有其他的幾種滅火器，因滅火原理不同，可分為如下幾類：

1、乾冰滅火器：乾冰就是液化的二氧化碳，別看一瓶乾冰滅火器體積不大，噴出的二氧化碳變成氣體後，可以充滿好幾個房間。它的優點是滅火後不留痕跡，適合撲滅昂貴儀器和檔案的火焰，但應注意的是，不能直接往人身上噴，否則在低溫條件下，人的身體會很快被冰凍且裂成碎片。

2、滅火彈：滅火彈裡裝的液體四氯化碳在受熱時也會變成氣體，阻止氧氣燃燒，由於它不導電，所以在撲滅電器上的火焰時效果尤為顯著。

87 誰偷了商人的化肥

愛玩失蹤的碳酸氫銨

做過生意的人都知道，經商是一件具有高風險的事情，雖有高額回報，但其中付出的代價也非常人能比。

而更不幸的是遭遇橫禍，莫名其妙就賠了本，這是讓人最無可奈何的。

有一個商人，他就遇到了這種事情，而他得到的教訓竟然是：以後要多學一點化學知識。

這是怎麼一回事呢？

原來，在農忙前的幾個月，他批發了一批化肥，儲存在廠房裡。

他在心裡盤算著，等再過三個月，農民們就該大量用化肥了，到時他將自己的存貨銷售出去，大概能賺不少錢。

為了防止偷竊，商人還特地給廠房加了兩把大鎖，並養了一隻用於看守的大狼狗，確保萬無一失後才離開。

接下來，他就一直沒有打開過廠房的大門，不過每天他都會檢查大門的鎖，發現並無異樣。

隨著熱火朝天的農忙季啟動，商人終於打開大門，將一袋又一袋的化肥運到市場上販賣，如他預料的一般，生意不錯。

當這些化肥都賣完後，精明的商人才察覺出不對勁了。

在進貨的時候，他預算的收益要比如今的收入多，怎麼現在賺的錢數目不對呢？

他重新計算了一下化肥的重量，發現竟然有幾百斤的化肥不翼而飛！

商人驚呆了，同時又覺得奇怪，因為化肥的袋數沒有變，難不成有人從裝化肥的袋子裡把化肥偷走了？可是袋子並沒有破啊！

百思不得其解的商人只好去報了案，員警一聽說有人偷化肥，連忙跟著商人來到了廠房。

在儲存化肥的倉庫裡，員警仔細搜索著證據，可惜由於現場被太多人踩踏過，給取證造成了一定的難度。

不過，員警又注意到，空氣中飄散著濃烈的臭味，像是化肥揮發後的味道。

對此，商人不以為然：「化肥放久了，空氣裡肯定有化肥味啊！」

然而，最終的調查結果卻讓商人大吃一驚。

原來，正是商人自己導致了化肥被「偷」。

由於化肥的主要成分是碳酸氫銨，當溫度超過三十度時，碳酸氫銨就會蒸發成氣體逃逸到空氣中。

因為商人沒有在倉庫中裝空調等製冷設備，所以導致化肥揮發，減了好幾百斤的重量。

碳酸氫銨也叫碳銨，是通用的化肥品種之一，其水溶液呈鹼性。在溫度為二十度以下時，碳酸氫銨的化學性質基本穩定，但溫度升高後，碳銨就會吸收濕氣，然後分解成二氧化碳、水和氨氣，所以化肥就會神祕失蹤了。

碳酸氫銨的屬性如下：

顏色：無色或淺灰色。

外形：粒狀、板狀或柱狀晶體。

化學性質：與酸混合會變質，生成二氧化碳，這種反應可以促進植物的光合作用；與鹼反應會生成碳酸鹽和氨水。

【化學百科講座】

防止化肥揮發的有效方法

1、將化肥儲存在低溫乾燥的地方。

2、將化肥與含酸較少的磷酸鈣混合，磷酸鈣會轉變成一部分磷酸銨，可有效減少化肥的揮發。不過磷酸鈣放置時間過久也會吸濕，將加快化肥的揮發速度，所以混合後應盡早使用。

88 倫敦的致命煙霧

從煤中跑出的二氧化硫

在人類歷史上，有兩例重大的有害煙霧事件震驚全球，一是洛杉磯的光化學煙霧事件，另一個則是發生在二十世紀五〇年代的倫敦煙霧事件。

那是一九五二年的十二月初，泰晤士河畔的倫敦城被一層灰色的煙霧包裹在其中，這座城市沒有一絲風的流動，像一個灰頭土臉的老人，在不斷地咳嗽。

「咳咳咳……」大街上滿是咳嗽的行人。

大家用圍巾將自己的口鼻掩得嚴嚴實實，仍感覺吸入的氣體讓自己的咽喉火辣辣地痛。

「嗨，艾倫，沒想到在這裡碰到你！」一個中年男子在路邊驚喜地跟他的前同事打招呼。

「約翰，好久不見！」被稱為艾倫的男子也笑著回應。

他們簡單地寒暄了幾句後，約翰開始流眼淚了，而艾倫的嗓子則像堵了一塊棉花，總是嚥不下去。

「這煙霧有些不大對勁！」約翰咳嗽了幾聲，重新用圍巾遮住了嘴巴。

「是啊，看來我更得少抽點菸了！」艾倫無可奈何地搖頭。

由於實在受不了汙濁的空氣，這兩位久未重逢的好友只能各自告別，繼續匆匆地趕路。

當時，倫敦城裡正在舉行一場農業展覽會，動物們各個狂躁不安，瘋狂地嘶叫、跺腳，可惜一開始，人們並沒有在意。

隨後，一隻綿羊發起了高燒，癱軟在地；緊接著，五十二隻牛也倒在了地上，經獸醫檢查，牠們的心肺遭遇了嚴重的創傷。

不到半天的時間，一隻老牛因體力不支，當場死亡，十二隻牛因病入膏肓而不得不被送進屠宰場，另有一百六十隻牛陷入危機中，無法站立。

「這煙霧有毒？」人們面面相覷，互相提出疑問，而在彼此驚恐的眼神中，他們得到了答案。

又過了一兩天，情況更加嚴重了，即使在白天，倫敦街道的能見度也極差，汽車甚至要開著燈在路上行駛，而行人們更慘，他們不僅要捂住口鼻，還因看不清紅綠燈而只能在人行道上摸索前進。

所有在外面走過的人，只要暴露在空氣中不到十分鐘，就會感到眼睛和喉嚨的刺痛，有些人的情況更為嚴重，他們因呼吸道疾病而住進了醫院。

在短短四天裡，倫敦的病房人滿為患，而死亡人數竟達到了四千多人。

此時，城裡的八百五十二萬居民才意識到要對這種刺激性煙霧進行高度警惕，可惜損失已經無法挽回。在接下來兩個月的時間裡，又有八千人死於非命，釀成了駭人聽聞的重大化學事故。

倫敦的有毒煙霧是怎麼產生的呢？

這都要歸咎於兩大殺手：二氧化硫和逆溫層現象。

二氧化硫來自於倫敦發達的取暖業和化工業，在冬季，整個倫敦大量燃燒煤炭，致使大量的二氧化硫被排放到大氣中，然後，二氧化硫被氧化為硫酸鹽氣溶膠，被人體吸入後會誘發各種病症，如支氣管炎、肺炎、心臟病等。

在地形上，倫敦處於泰晤士河的河谷，由於地勢低、無風，導致硫酸鹽氣溶膠厚厚地積壓在城市上空，將整座城市變成了一座「毒氣室」，最終釀成了惡果。

幸好在二十世紀七〇年代以後，倫敦市區用煤氣和電力代替了燒煤產業，才使得空氣品質大幅度提升，此後駭人聽聞的倫敦煙霧再也未出現在世人面前。

【化學百科講座】

燒煤和煤氣的區別

可能有人不解：煤氣不也是利用煤炭而形成的產物嗎？為什麼用煤氣就不會發生類似倫敦煙霧的事件呢？

這是因為，日常生活中人們使用的煤氣是將煤炭乾餾後得到的焦爐煤氣，成分主要為甲烷和氫氣；而直接燃燒煤炭，生成物主要為二氧化硫、二氧化碳、一氧化碳、二氧化氮和碳氫化合物。由於成分不一樣，所以燒煤就會產生倫敦煙霧事件。

89 被冤枉的重刑犯

腳氣病與維生素 B1

在《聖經》中有這樣一個故事：一大群人推著一個被綁了雙手的婦人來到耶穌面前，說婦人犯了通姦罪，按傳統應當用石塊將她砸死。

耶穌說了這麼一句話：「在你們當中，誰沒有犯過錯誤的才可以用石頭砸她。」

結果那群人都羞愧離去，寬宏大量的耶穌原諒了婦人的罪行。

這個故事換個角度講，我們可以理解為就算是犯人，也應獲得他應有的權利，比如說話權。

在十九世紀九〇年代的荷蘭，有這麼一群囚犯，他們懂得爭取自己的權利，而關押他們的監獄長也是個通情達理的人，他尊重了犯人們的請求，最終皆大歡喜。

救世主耶穌

當時，荷蘭一處監獄裡有一百九十名囚犯，監獄長是個一絲不苟的人，為了展現懲惡揚善的風格，他嚴格執行了一種名為「三級待遇」的制度。

該制度規定：罪刑最輕的囚犯，每餐可以吃到一菜一湯一碗米飯，罪刑稍重的囚犯則變成了一碗飯加一份菜，至於那些重刑犯，則只能用一碗米飯果腹了。

這個制度實行了半年，沒有引起抗議，也許囚犯們知道抗議也沒有用，就被迫接受了對自己的懲戒。

日子就這樣一天天地過去了，一切似乎都很平靜，直到有一天，一名囚犯向看守討要治腳氣的藥，說自己的腳趾縫裡長滿了米粒一般大小的泡，瘙癢難耐。

看守覺得囚犯不過是在無病呻吟，就沒有答應他的請求。

孰料第二天，又有一名囚犯來討藥，理由同樣是腳氣病。

正當看守不予理睬，覺得囚犯們在無理取鬧時，監獄裡的腳氣病彷彿集體爆發，不斷有囚犯哭訴，說自己的腳奇癢無比，即便將腳趾撓出斑斑血跡也不能止癢。

看守見情況不對，趕緊報告了監獄長。

監獄長雖然嚴厲，卻持有謹慎的態度，他視察了一番，在相信囚犯們沒有說謊後，開始懷疑監獄裡有傳染病。

於是，他請了一名醫生來為犯人診斷。

結果醫生在檢查了十幾位病人之後，跑過來跟監獄長說：「你們怎麼能讓囚犯只吃大米呢？」

監獄長見有人批評自己，不太高興，問道：「有什麼問題嗎？」

「當然有問題！」醫生皺著眉頭說，「蔬菜裡含有維生素 B_1，能預防腳氣病！」

監獄長這才知道自己之前的做法欠妥，他誠懇地向醫生道歉，然後修改了自己訂下的規矩，讓每個犯人都能吃到蔬菜。

從此以後，監獄裡的腳氣病銷聲匿跡了。

維生素 B_1 是一八九六年由荷蘭科學家伊克曼發現的，一九一〇年被波蘭化學家豐克從米糠中提取。由於米糠中含有豐富的維生素 B_1，所以可以用米糠來治療腳氣病。另外，酵母、全麥、燕麥、花生、豬肉、大多數種類的蔬菜、麥麩、牛奶也含有大量的維生素 B_1。

維生素 B_1 中含有一種叫硫胺素的物質，這種物質能促使人體的糖分代謝，還能抑制膽鹼酯酶的活性，如果維生素 B_1 缺乏，人類的胃腸蠕動就會減緩，容易引發食慾不振、消化不良的症狀。

【化學百科講座】

各類維生素的作用

維生素A：來自於綠色及黃色蔬菜、水果、魚肝油，治療夜盲症，滋潤皮膚、促進胎兒生長，預防呼吸道疾病和女性婦科病。

維生素 B_2：來自於牛奶、雞蛋、肝臟、酵母、植物根莖、水果，預防皮炎、促進傷口癒合。

維生素 B_6：來自於穀類、豆類、豬肉、動物內臟、堅果，預防動脈硬化和牙齦出血、幫助胎兒成長。

維生素C：來自於水果、綠色蔬菜，預防關節增大、心肌衰退；

維生素D：來自於魚肝油、動物肝臟、牛奶、蛋黃、陽光，預防骨質疏鬆和補鈣。

90 英國女王竟遭騙局

虛假的紅寶石

若問當今世界上，什麼寶石最珍貴，相信很多人會異口同聲地說：「當然是鑽石！」

的確，鑽石已是風靡世界的名貴寶石，因為它在婚戀誓言方面發揮著其他寶石所沒有的象徵意義。

但世間寶石不只鑽石一種，還有四種寶石同樣舉世聞名，它們分別是：紅寶石、藍寶石、祖母綠、金綠貓眼。

這四種寶石也同樣有象徵意義：

紅寶石：愛情之石，可助人佔據上風。

藍寶石：智慧之石，提升創造力。

祖母綠：財富之石，也是貞潔的象徵。

金綠貓眼：事業之石，金黃色有助於匯集財氣。

其中，紅寶石是僅次於鑽石的珍貴寶石，歷來為王公貴族和商界富賈所喜歡，很多人都為擁有一顆碩大的純淨度高的紅寶石而自豪，因而就有了泰米爾紅寶石的故事。

英國女王伊莉莎白二世酷愛紅寶石，一九五三年的一個夏日，英國著名的威斯敏斯特大教堂為她舉行了加冕儀式。

當時各界名流都來到了儀式現場，一睹新女王的風采，眾人很快被女王脖子上的一條紅寶石項鍊所吸引，情不自禁地發出嘖嘖的稱讚聲。

原來，伊莉莎白女王的這條鍊鏈上鑲嵌著三顆碩大的紅寶石，中間的一顆尤為顯眼，堪比一個女人的四分之一手掌大小，後經過寶石專家鑑定，這粒寶石重三百五十二·五克拉。

「真不得了啊！這條項鏈太珍貴啦！舉世無雙啊！」有人忍不住在私底下小聲嘀咕。

「這條項鍊上的寶石來自阿富汗皇宮，還有個名號，叫泰米爾紅寶石！」懂行的人得意地介紹道。

這下，人們更加好奇了，追問懂得泰米爾紅寶石歷史的人講述寶石的來龍去脈。

於是，講述者娓娓道來——

泰米爾紅寶石原是伊朗最古老的城市伊斯法罕城裡的寶物，十八世紀，一位名叫阿夫汗．阿馬錫阿貝德爾的貴族篡奪王位不成，就起了歹心，搶劫了一大批珍寶逃到坎大哈，成為阿富汗的君王。在他手裡的那批寶物中，就有泰米爾寶石和著名的「光明之山」鑽石。

後來，繼位的阿富汗國王遷都印度，王室卻屢次發生災禍，國王膽顫心驚，認為是這些珍貴的寶石給自己帶來了凶災，就賣了一個人情，將泰米爾紅寶石和「光明之山」鑽石贈給了英國王室，結果便有了加冕時的那一幕。

沒想到，後來科學家發現，令英國女王愛不釋手的泰米爾紅寶石居然是假的，其成分是仿真度極高的尖晶石！

不僅如此，同樣喜愛紅寶石的俄國女皇葉卡捷玲娜二世也被騙了，她王冠上一顆重達三百九十八．七二克拉的「紅寶石」也是尖晶石。想當年，女皇對這顆寶石是呵護備至，還將其鑲嵌在皇冠的最頂部，沒想到卻鬧出了如此大的笑

伊莉莎白二世加冕禮

話！

紅色尖晶石雖然不如紅寶石珍貴，但其經過拋光後與紅寶石很難區分，因此很容易與紅寶石混淆。不過，用物理和化學方法就能辨認出二者來：

◎成分：尖晶石成分是鎂鋁氧化物，屬尖晶石組礦物；紅寶石成分為鋁氧化物，屬於剛玉族礦物。

◎晶體結構：尖晶石呈八面體形態，所以每個角度的閃光度都一樣；紅寶石呈現桶裝、柱狀、板狀、片狀分布，閃光度在各個角度都不一樣。

◎折射率：硬度越大，折射率也越大，紅寶石硬度為九，尖晶石為八，所以紅寶石比尖晶石的折射率高。

【化學百科講座】

為何寶石會呈現出五彩斑斕的顏色？

這是因為，寶石的內部有一些化學元素的化合物，這些化合物吸收了光線中的一部分色光，反射出其他的色光，於是反射出的光線就成了寶石的顏色。

如紅寶石和墨綠寶石中含有鉻；土耳其玉中含有銅；紅瑪瑙裡含有鐵。古人們雖然不清楚元素的作用，卻早就深諳此道。例如，古希臘人就將一般的瑪瑙放入蜂蜜中煮幾個星期，然後撈出洗淨，再放入硫酸中煮幾個小時，就能得出紅色或黑色的條紋狀縞瑪瑙。

91 引發三國關注的一瓶「啤酒」

玻爾保護的重水

區區一瓶啤酒，為何會被三個國家爭搶？甚至這些國家還不惜動用了武裝突擊隊？

每當有這種問題出現的時候，千萬不要以為發生了什麼奇蹟，因為烏窩裡飛不出金鳳凰，啤酒瓶裡裝的自然也不是啤酒。

那到底裝的是什麼呢？

是一種名叫「重水」的液體。

在第二次世界大戰時期，德國戰車開進挪威的里尤坎鎮，將那裡的一家電化學工廠佔為己有。

納粹開始大量生產重水，並計畫等到重水生產出來後運往柏林，以便研製破壞力極強的原子彈。

英國人在得知這一情報後心急如焚，他們馬上組建了一支代號叫「燕子」的突擊隊，對電化學工廠實施轟炸。

儘管突擊隊傷亡慘重，但仍舊艱難地完成了任務。

德國人氣得吹鬍子瞪眼，因為他們再也找不出其他的重水了，這意謂著他們製造原子彈的願望落空了。

這邊德國人心急火燎，那邊卻有一個科學家正在祕密攜帶一瓶重水前往英國。

這個人就是物理學家玻爾，他將重水藏在一個綠色的啤酒瓶裡，從外觀上來看，這完全就是一瓶普通的啤酒，只要不打開，就不會引發懷疑。

可是納粹那麼狡猾，怎會輕易放過對玻爾的搜索呢？況且，玻爾的出發地是被德國佔領的丹麥。

好在玻爾藝高人膽大，坐著私人飛機飛到了英國。

到達英國本土後，他興沖沖地拿出一直藏在自己行李箱中的「啤酒」，讓英國政府去研發原子彈。

誰知，科學家們發現玻爾帶來的是一瓶真正的丹麥啤酒，根本就不是重水！

玻爾猛拍腦門，大呼自己糊塗，原來他離開丹麥的住所時，冰箱裡放了一瓶重水和一瓶啤酒，因走得匆忙，沒來得及細看，拿了一瓶就走，沒想到運氣糟糕，把真正的重水落在了丹麥。

為了不讓重水落入德國人手中，英國政府快馬加鞭地找到丹麥地下黨，又組織起一支突擊隊，潛伏到玻爾的房子附近，伺機奪取重水。

德國納粹在玻爾的房子裡駐紮了很多士兵，所以突擊隊想拿到重水並不容易，不過納粹在未搜到什麼有價值的東西後就放鬆了戒備，這才給丹麥人創造了機會。

結果，一直到第二次世界大戰結束，德國人都沒能製造出原子彈，而做為盟國之一的美國卻發明了兩顆原子彈，並投入到戰場之中，使日本的廣島和長崎蒙受巨大災禍。

重水到底是個什麼物質？它為何具有如此神奇的作用呢？且看它的屬性：

外形：無色透明無味液體。

冰點：3.8°C。

沸點：101.4°C。

密度：1.1g/cm^3。

簡單來說，重水就是比普通水「重」一點的水，自然界中的水為兩個氫原子和一個氧原子構成，但重水中的氫元素是氫的同位素——氘，也叫重氫，所以比一般存在的水要特殊。

在地球上，重水佔整體水資源的不到萬分之二，所以極其難得。它的作用是用作核反應爐的慢化劑和冷卻劑，而重水經分解後產生的氘則是極重要的熱核燃料。

【化學百科講座】

重水與超重水有多珍貴？

氫元素有三種同位素，分別為氕、氘、氚，三者與氧元素結合形成的水就是淡水、重水和超重水。

重水和超重水在自然界中的存量極其稀少，需要人工製造出。

每生產一公斤重水，需消耗六萬度電和一百噸水；每生產一公斤超重水，需消耗近十噸的原子能，一個工廠一年只能製造幾十公斤超重水，所以超重水是最貴的，比黃金要貴上幾十萬倍。

第四章

曾經滄海的名家軼事

92 遇見她是一個錯誤

諾貝爾的愛情悲劇

諾貝爾的「浪子」傳聞：

一天的錢：諾貝爾曾答應送一個美麗的法國姑娘結婚禮物，結果姑娘要諾貝爾一天所賺到的錢，諾貝爾答應了。後來他一算，才發現自己一天的盈利為四萬法郎，而在當時，這筆錢的利息足夠讓姑娘享受終生。

巴黎熱戀：諾貝爾在青年時代去歐美各國旅行，結果在浪漫之都巴黎與一位法國姑娘熱戀，然而對方不久病逝，讓這段短暫的戀情畫上了句話。

紅顏知己：一八七六年，諾貝爾聘用奧地利元帥弗蘭茲·金斯基伯爵之女伯莎當他的女祕書，諾貝爾對伯莎一見鍾情，可惜對方名花有主，結果兩人當了一輩子知己。

諾貝爾是天秤座，典型的「拿得起，放不下」，所以在感情問題上，他總是優柔寡斷、曖昧多情。

不過所謂浪子，是沒有遇到一個能征服他的人，諾貝爾似乎很幸運，在追求自己的女祕書伯莎未果的情況下，他遇到了一個真正能征服他的女人。

可是不幸的是，這個女人根本就不愛諾貝爾，枉費了諾貝爾對她的一腔熱情。

當浪子愛上無情女，不知是悲哀還是莫大的諷刺。

一八七六年，諾貝爾已經在歐美各地開設了很多炸藥公司，他還投資了兄長的石油公司，事業蒸蒸日上。

總之，這個大科學家是事業得意，情場失意。

也許上天為了讓諾貝爾高興一下，就安排了維也納的一個賣花女索菲與諾貝爾相識。

諾貝爾在奧地利初見索菲時驚為天人，他狂熱地追求索菲，還買了多間房子給對方。

當時諾貝爾已經在巴黎定居，所以他很快就把索菲接了過來，希望能與她共度一生。

可惜，索菲與諾貝爾並不在同一個層級上。

諾貝爾是博學多才的化學家、企業家，而索菲沒有文化和教養，只是一個貪圖享樂的拜金女。

由於兩人的世界觀不同，諾貝爾雖然深深迷戀著索菲的容顏，卻依舊不可避免地與對方發生激烈的爭吵。

結果，兩人同居了十五年，沒有終成眷屬，反倒越走越遠。

有一天，索菲寫信告訴諾貝爾，她懷孕了，孩子的父親是一位匈牙利軍官。

諾貝爾頓時眼前一黑，如五雷轟頂，他下定決心，不再跟這個水性楊花的女人來往，但仍控制不住對她的關心，給她寄去了一筆三十萬匈牙利克朗的贍養金。

儘管得了這筆鉅款，索菲卻依舊不滿足。

五年後，諾貝爾病逝，索菲竟找到諾貝爾的好友，同時也是諾貝爾遺囑的執行人拉格納·索爾曼，威脅對方如果不給她相應的補償，她就要賣掉諾貝爾生前寫給她的二百一十六封信件。

為避免無事生非，索爾曼只得買下了信件。在信件中，諾貝爾曾懷著滿腔深情稱呼索菲為「諾貝爾·索菲女士」，然而對方卻絲毫感覺不出他那顆熾熱的心，這也許是諾貝爾一生中最痛苦的事情吧！

諾貝爾在生前有多富？這個沒有具體的統計資料，也使得人們對他充滿了好奇，因此，諾貝爾獲得了「歐洲最富有的流浪漢」的外號。

他一生獲得的專利權有三百五十五項，加上自己開設的公司，按照每天四萬法郎計算，一年就有兩百五十多萬美元的收入，這在當時看來，絕對是一個天文數字。

其實，如果索菲願意安分地過日子，諾貝爾也不至於淪落到無兒無女，一生漂泊的境地。

【百科講座】

諾貝爾獎的獎金會被發完嗎？

諾貝爾在遺囑中聲明，將自己的三千一百萬瑞典克朗成立基金會，每年取出基金的利息，也就是二十萬瑞典克朗做為諾貝爾獎的獎金。

然而，在二〇〇六年，諾貝爾獎的獎金總額已達到一千萬瑞典克朗了，這是否說明，諾貝爾獎的獎金總有一天會發完呢？

這要多虧諾貝爾基金會的先見之明，他們利用遺產來投資證券和不動產，又說服瑞典和美國政府免除基金會的投資稅，因為理財有方，諾貝爾獎才得以維持下去，並使獎金保持在令一個教授不工作二十年也能進行科學研究的水準上。

93 誠實的代價

「波蘭蕩婦」居里夫人

如果居里夫人不當化學家，我們完全可以認為她會變成一個女權主義者。

不信嗎？請看以下事例：

當年居里夫人大學畢業時，成績是全校第一。

一九〇三年的諾貝爾化學獎，居里夫人被當成丈夫的助手，在提名中沒有出現，但她堅持競爭獎項，終於成為第一個獲得諾貝爾獎的女性。

一九一一年，居里夫人二度奪得諾貝爾獎，她在獲獎宣言中鄭重聲明：自己提煉出鐳的四年裡，前兩年丈夫皮埃爾·居里一直未介入，後兩年夫妻二人才開始一起合作。

居里夫人親口對自己的女兒愛琳說，這個世界充斥著男權主義，女人在男性眼中的作用就是性和生育。

看完這些，是否覺得居里夫人是個非常另類有思想的人？或許有人會說，那還不是因為居里夫人專注於化學研究，是個極其理性的女強人？

其實不然。

居里夫人雖在學術上嚴謹，可是她的情感世界卻是波瀾起伏，在自己的丈夫出車禍去世以後，她不僅沒有給自己樹立一個貞節牌坊，反而與年輕的助手發生了一段婚外情。

在當時，很多名人都有外遇，而他們的名聲與地位並不因此受什麼影響。

據說，早在一百多年前，大文豪歌德還與席勒發展出了超友誼的關係，但在人們口中，照樣被演繹成一段關於「知己」的佳話。

為什麼他們沒有受到譴責？

因為居里夫人說了，他們都是男性。

然而，當這段婚外情落到居里夫人頭上時，她卻受到了攻擊和辱罵。

小居里夫人五歲的助手保羅・朗之萬是一名物理學家，他聰明、學識淵博，可惜情商低了那麼一點。

他娶了一個潑辣蠻橫的陶瓷工的女兒，妻子除了抱怨他不會賺大錢外，獨門絕技就是爭吵，讓朗之萬十分頭痛。

當朗之萬遇見居里夫人後，他立刻被睿智冷靜、散發著成熟魅力的居里夫人迷住了，兩個人碰撞出激烈的火花，迅速墜入情網中。

居里夫人和朗之萬有著同樣聰穎的頭腦和豐富的情感，並且一見傾心，若後者沒有結婚，他們很可能成為令人羨慕的一對。

可惜，朗之萬輕而易舉地讓妻子拿到了居里夫人寫給自己的情書，結果法國人驚恐地發現，居里夫人居然在信中赤裸裸地提出了自己對性的渴望。

一時間，那些浪漫的法國人突然變得面目猙獰起來，他們一致認為：女人不該有這種思想，這是不道德的！極其破壞禮教的！

於是，他們襲擊居里夫人的住所，威脅讓她滾出法國，否則就要殺死她，還給她取了一個充滿侮辱性的稱號——波蘭蕩婦。

甚至居里夫人的密友也讓她離開法國，而在這場風暴之外，保羅・朗之萬卻安然無恙，他還擁有了一個女祕書做為自己新的情人。多年以後，他甚至請求居里夫人為自己的新歡——一個年輕的女學生安排職位。

這一切，只是因為居里夫人是個女人，她誠實地表達了自己的心聲，卻因此遭受到不公平的待遇。

好在，居里夫人是個女權主義者。在足足消沉了三年時間後，她重新打起精神，將全部身心投入到工作中。

此後，她又堅強地工作了二十二年，最終因被射線輻射過度而死。

回顧居里夫人的一生，她一直在與世俗搏鬥，她非常堅強，從不依賴，只想按照自己的想法生活，哪怕被現實撞得頭破血流。

居里夫人是天蠍座，由此讓她產生了冷酷的思想和如火的激情，她生於波蘭華沙一個清貧的家庭，曾輟學幫助姐姐讀大學，年輕時還談過一場戀愛，卻因為自己太窮而遭男方反對，因此她更加堅信：只有努力才能改變命運。

一八九四年，剛從巴黎大學畢業的居里夫人成為皮埃爾・居里的助手，兩人相戀，並於次年結婚，可惜十一年後皮埃爾去世，居里夫人備受打擊。

在與朗之萬發生婚外情後，居里夫人的名譽一落千丈，她不得不躲進修道院療傷，直到一九一一年她再度獲得諾貝爾獎，世人對她的詆毀才有所減少。

不過，在頒獎前夕，仍有人懷著惡意寫信給居里夫人，要求她放棄領獎，居里夫人不予理睬，她用鮮明的個性向世人證明，女人可以和男人一樣強大。

居里夫人在一九一一年第二次獲得諾貝爾獎的證書

【百科講座】

居里夫人的貢獻

1、製作了X光機，在第一次世界大戰中挽救了無數法國士兵的生命，但她和她的女兒卻因為承受X光照射過度而死於血液病。

2、發現鐳和釙，並首度提出放射性的概念。

3、激發全球對放射性元素的研究，從而誕生出治療癌症的有效方法——化療。

94 紫羅蘭花的意外花語

酸鹼試紙的發明

每一種花都有其特定的花語，如玫瑰代表愛情，百合象徵純潔，而紫羅蘭，則寓意永恆的美與愛。

對英國化學家波以耳來說，紫羅蘭就如同他的女友，是他心目中永遠的愛戀。

波以耳為何會如此迷戀紫羅蘭呢？因為這是他女友生前最愛的花。

他還記得第一次與女友相見時的情景，那時他要去拜訪一位好友，結果在路上碰到一個手捧紫羅蘭花、穿著紫色長裙的女孩，女孩笑靨如花，而波以耳的心也跟著醉了。

待見到好友後，波以耳驚奇地發現捧花的女孩也出現了。

原來，那女孩也是好友的朋友，紫羅蘭花則是對好友的問候。

緣分如此妙不可言，波以耳對女孩進行了不懈的追求。

幾番約會之後，波以耳將女孩變成了自己的女朋友。

後來，波以耳忙於研究課題，在實驗室的時間多了，陪在女友身邊的時間卻少了，女友不斷給他寫信，要他抽空來看自己，可是波以耳捨不得放下研究，屢次推託，讓女友非常失望。

有一天，女友沒也再寫信過來，隨後幾天，女友也沒有音訊。

波以耳以為女友生氣了，就給女友寫了一封信，向對方表達了自己誠摯的歉意。

又是幾天過去了，終於有了回信，波以耳興奮地將信打開，看到的卻是一個噩耗。

早在兩週前，女友因為車禍，已經香消玉殞了。

波以耳手一抖，白色的信箋緩緩地墜落在地，他的心彷彿也摔在了地上，碎成幾瓣。

從此以後，波以耳都會在自己的實驗室裡插上一束紫羅蘭，他覺得這樣，女友就彷彿在自己身邊，他才會覺得安心。

幾年之後，在一個悶熱而繁忙的下午，波以耳陷在緊張的實驗中不能自拔，當他甩動滴管時，不慎將極具腐蝕性的濃鹽酸濺到了紫羅蘭的花瓣上。

「糟糕！」波以耳大叫一聲，急忙去救花。

此時紫羅蘭已經冒起了白色的煙，並發出「嘶嘶」的響聲。

波以耳快速將紫羅蘭受損的花瓣在水裡沖了一下，然後重新插到花瓶裡。

然後，他小心地觀察著紫羅蘭的變化。

只見紫羅蘭深紫色的花瓣竟然慢慢變淡，最後變成了紅色！

波以耳覺得很奇怪，猜測可能是花瓣中的組織與酸液產生了化學反應。

由此，他開始研究起花草與酸鹼的作用，並發現很多植物遇到酸或遇到鹼時都會發生顏色上的改變。

最後，他發現從石蕊中提取的紫色浸液反應最明顯，並由此發明了石蕊試紙。這種紙具有檢測酸鹼度的優良效果，為如今的實驗室中所廣泛應用。

在檢測酸鹼值時，使用石蕊試紙是最古老的方法之一。

這種試紙有兩種顏色——紅色和藍色，紅試紙遇鹼變藍，藍試紙遇酸變紅。這兩種試紙都是由石蕊溶液浸漬濾紙，晾乾而成的，不同的是，藍色試紙是石蕊試紙的本來顏色，而紅色試紙則因加入了少許鹽酸而呈現紅色。

其實用石蕊試紙檢測酸鹼度並不十分準確，因為ＰＨ值高於八．三時，試紙才會變藍，而ＰＨ值低於四．五時，試紙才會變紅。眾所周知，ＰＨ值為七時酸鹼度才是中性，所以當石蕊試紙檢測偏中性的溶液時，就很容易出現失誤。

【百科講座】

什麼是ＰＨ值？

在一份溶液中，氫離子的總數與物質總量的比值被稱為氫離子濃度指數，概括地講，就是ＰＨ值，它表示溶液的酸度或鹼度達到了一個怎樣的數值。

目前ＰＨ值分為十四個級，當其小於七時，溶液呈酸性；當其大於七時，溶液呈鹼性。

95 條條大路通羅馬

侯氏製鹼法

主角檔案

侯德榜

姓名：侯德榜

籍貫：中國福建。

星座：獅子座。

學位：美國麻省理工學院學士、哥倫比亞大學博士。

成就：不畏學術封鎖，在小氣的西方化學家死守著索爾維製鹼法的時候，他雙目一閉，從牙縫中擠出輕蔑的聲音：「我們自己有辦法！」於是，「侯氏製鹼法」問世。

侯德榜是一個特別有進取心的化學家，從小到大，他的學業成績一直名列前茅，屬於天下父母都喜歡的孩子類型。

難能可貴的是，無論他遭遇到什麼挫折，他始終能刻苦學習，讓自己學識豐富，並取得優良成績。

小時候，他一邊耕地一邊讀書，成績優秀。長大後，他在姑媽的資助下求學，期間罷課參加抗議帝國主義的遊行，仍舊是第一名，不得不讓人感嘆：有些人，天生下來就是讀書的料啊！

後來，侯德榜帶著傲人的成績進入清華，三年後又被保送至麻省理工學院，這一連串的成績可謂羨煞旁人。

不過在積貧積弱年代，中國人容易受到外國人的歧視，驕傲如侯德榜，他敏感地察覺出中國人的艱難處境，因此總想著為國人爭一口氣。

恰巧，一位受實業家委託來紐約考察人才的專家找到了侯德榜，向他講述了國內技術緊缺的困境。

侯德榜點頭道：「我剛博士畢業，應該能幫上忙，但不知該從哪個方向入手。」

專家想了一下，告訴他：「現在中國缺鹼，可是製鹼的技術掌握在外國人手裡，根本不讓我們找到配方。」

侯德榜頓時一拍桌子，大聲說：「太不像話了！我一定會研究出製鹼法，讓外國人瞧瞧中國人的本事！」

於是，他放棄了在美國的高薪工作和優渥的生活，立即回到中國，開始自創製鹼方法。

據說侯德榜在工作室裡沒日沒夜地實驗，經常是累到一身臭汗，衣服上也總是散發著一股難聞的氨味，可是他依舊把學生時期的精神發揚光大，在工作時也是吃苦耐勞、精益求精，連外國技師都深感欽佩。

當時，中國不僅缺乏技術，連做實驗需要的工具也十分簡陋。

有一次，用於脫水的乾燥鍋上凝結了一大塊黑色的汙垢，怎麼都除不掉，侯德榜只能拿著鐵杵去鏟，總算使實驗恢復了運行。

就這樣，侯德榜與其他化學家們不斷改進工具和技術，在歷經幾年的艱苦努力後，中國製造的第一鍋純鹼終於出爐。

然而，大家驚訝地發現，白色的純鹼到了眾人面前，居然是暗紅色的！

有些人開始沮喪起來，喃喃地說些喪氣話，可是侯德榜依舊保持著獅子座的自信，他仔細檢查了實驗過程，發現純鹼變紅是由於受到了鐵鏽的汙染。

當弄清原因後，他用硫化鈉與鐵反應，生成了性質穩定的硫化鐵，這樣，純鹼終於恢復了原本的白色，中國也第一次有了自己的製鹼法。

為了感謝侯德榜，中國人將他的製鹼法命名為「侯氏製鹼法」，一九二四年，中國的永利鹼廠成立，兩年後，該廠生產的紅三角牌純鹼在美國的萬國博覽會上一舉拿下了金質獎章。

侯氏製鹼法的化學原理是什麼呢？且看製鹼步驟：

1、侯德榜先在飽和的實驗水中通入氨氣，製成飽和的氨鹽水。

2、在氨鹽水中通入二氧化碳，因為鹽水中有氯化鈉，所以溶液中有了大量的鈉離子、氯離子、銨根離子和碳酸氫根離子，便形成了包括碳酸氫鈉在內的化合物。

3、利用碳酸氫鈉溶解度最小的性質，將其從溶液中析出。

4、將碳酸氫鈉分解，就製成了碳酸鈉，也就是純鹼。

【百科講座】

純鹼是什麼？

純鹼就是碳酸鈉，以白色粉末或顆粒的狀態存在，非常容易溶於水，均有刺激性和腐蝕性，應謹慎接觸。

其實在日常生活中，純鹼有個俗名更為人們所熟悉，那就是蘇打。蘇打的用途非常廣泛，常被用於製造玻璃、肥皂、紙、革等物質，在紡織、冶金、淨化水行業也發揮著重要作用。

對於家庭來說，它還是蒸饅頭的不可缺少的材料之一。

96 願得一人心，白首不離分

法拉第的幸福婚姻

邁克爾・法拉第

主角檔案

姓名：邁克爾・法拉第

國籍：英國。

星座：處女座。

頭銜：物理學家、化學家。

恩師：大衛。

成就：發現苯、提出電磁感應學說、磁場力線假說、發現電解定律。

人生得意事：

1、只讀過兩年國小，卻依然自學成為一個有知識有文化的人；

2、聽了著名化學家大衛的一場演講，回去給對方寫了一封自薦信，表示要為科學事業死而後已，成功感動了大衛，成為後者的助手和學生；

3、大衛有不少成就，可是他的人生感言居然是：我對科學的最重要貢獻是發現了法拉第！

4、一八三七年他發現了電場和磁場，用事實擊碎了牛頓的「超距作用」理論。

5、受英國王室青睞，獲贈一套豪宅，取名為「法拉第之屋」，而且免去所有的開銷與維修費，不用擔心溫飽問題，專心致志地研究。

不過，要說到法拉第最得意的事情，莫過於娶了一個好妻子——撒拉・伯納爾。

都說科學家是悶騷型的人，法拉第尤其如此。

二十八歲那年，他認識了好友伯納爾的妹妹撒拉，立刻不能自拔陷入情網，每個星期天都準時去伯納爾家吃晚飯，吃完了自然要歇一會兒，喝喝茶聊聊科學和人生，有時還意興闌珊地唱首歌，表情卻是十分僵硬。

待時鐘「噹、噹、噹……」敲過十下，法拉第馬上站起身與好友告辭，目光卻偷偷瞥向撒拉。

可惜後者正在聚精會神地做著針線活，沒有注意到法拉第那熾熱的眼神。

結果每個週日的晚間，當法拉第徘徊在幽暗的街道上時，他都要在心底默默地嘆氣。

以他的這種悶葫蘆的性格，大概終身大事要變成明日黃花了。

幸好好友伯納爾是個非常敏感的人，他在一次讀書會上敏銳地察覺出法拉第的心理。

當天，法拉第按捺不住相思之苦，終於藉一首情詩一吐對撒拉的傾慕之情，伯納爾聽到這首詩後一臉壞笑地對妹妹說：「那小子在對妳表白呢！」

撒拉這姑娘是個直腸子，她不會玩矜持那一套，就直接去找法拉第詢問，誰知後者竟羞澀地逃之夭夭，氣得撒拉在後面喊：「你還是不是個男人啊！」

不過撒拉耳聰目明，她知道法拉第是個值得託付終生的好男人，遂動了春心，決定跟法拉第喜結連理。

跟科學家結婚，要有過硬的情商。

撒拉決定無條件支持丈夫的工作，時常讚美丈夫的工作成果，並且努力將家務做到極致，省去丈夫的後顧之憂。

總而言之，撒拉的目標和如今世人對女性的要求很相似：上得廳堂，下得廚房，溫柔賢慧，知書識禮，真是有妻如此，夫復何求啊！

在實驗室裡工作的法拉第

於是，法拉第還真就一門心思投入工作上，他每天去英國皇家學院做實驗、教窮人化學，閒暇時間要參加讀書會、合唱團，還要騎車郊遊、爬山、教妹妹寫字，忙得沒有多少時間來陪妻子。

對此，撒拉的態度是：你做你的，你那些科學知識、生活樂趣我不明了，我也沒興趣參與，我就做好一個家庭主婦的職責，管好你的胃就行了！

可能有些人不理解，覺得這叫沒有共同語言，可是接下來的事情卻足以證明撒拉是個當之無愧的好妻子。

在法拉第發表了第一篇磁場力線的論文後，他被質疑抄襲了歐勒斯頓教授的研究成果。

面對著風言風語，法拉第覺得自己要崩潰了，他甚至想放棄科學研究。

這時，撒拉卻鼓勵丈夫道：「親愛的，單純是人類最大的優點，因害怕受傷而對人設防則是可恥的，那樣的話，你就不是你自己了。」

法拉第深受感動，在妻子身上，他學會了堅強，於是重新鼓足勇氣，繼續發表自己的研究論文。

兩個月後，他獲得了成功，而曾經不肯為他洗刷冤屈的歐勒斯頓教授也大力讚揚法拉第是個天才，一切都似乎在往好的方向發展。

正是撒拉的肯定，讓法拉第一直在科學的道路上堅實地走著。

在他們婚後的四十六年裡，儘管遭遇過貧窮和疾病的挫折，儘管撒拉沒能給法拉第帶來一兒半女，法拉第也依舊愛著自己的妻子。

他在晚年的最後一次演講中，動情地對妻子說：「她是我一生中的初戀，也是最後的愛戀……有了她，我的一生就沒有了遺憾……我希望神能答應我，在我走後能夠照顧好她，這是我最後的心願……」

法拉第在化學上除了發現苯之外，最為突出的貢獻是總結出了電解定律。

該定律是：電解釋放出來的物質總量和通過的電流總量成正比，簡單地說，就是放出了多少電，就有多少物質被電解。

這條定律在物理學和化學之間架起了一座溝通的橋樑，因為電解反應既有化學反應，也有物理反應。正如一種物質，它所表現出來的性質既有化學性質，也有物理性質一樣，不同的學科之間總有能融會貫通的地方，這便是如今的綜合學科。

【百科講座】

物理性質和化學性質的區別

物理性質：在化學變化前已有的性質，如：顏色、外形、氣味、熔點、沸點、密度、導電性、延展性、揮發性等。

化學性質：在化學變化時反映出來的性質，如：可燃性、穩定性、酸鹼性、氧化性、還原性、腐蝕性等。

97 八年宿敵泯恩仇

定比定律的爭議

主角檔案

克勞德．貝托萊

姓名：克勞德．貝托萊

籍貫：法國。

星座：射手座。

學歷：圖林大學醫學學士。

成就：證實氯可用來漂白，發現了氯酸鉀、提出「化學親合力」的新假說。

得意事：

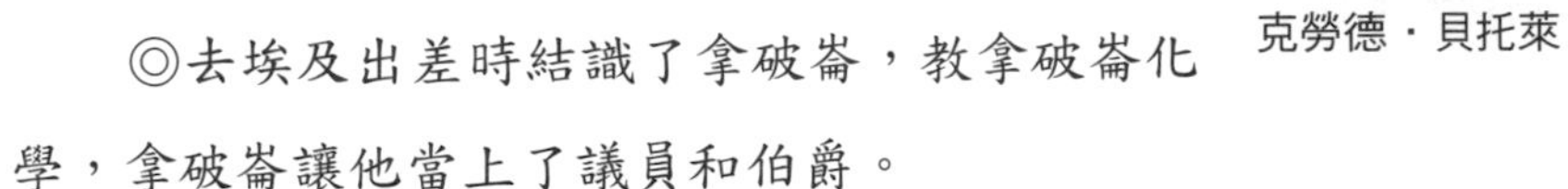

◎去埃及出差時結識了拿破崙，教拿破崙化學，拿破崙讓他當上了議員和伯爵。

◎後來，他又參與了推翻拿破崙的政治活動，結果再次官運亨通，被封為貴族。

遺憾事：

◎他反對普魯斯特的定比定律，足足與對方爭論了八年，結果被證實自己是錯的，此外，這場曠日持久的爭議還讓普魯斯特因此出了名。

◎他以為熱是一種流體，卻不知這僅是一種物理現象。

從檔案中可知，貝托萊，這個在近代化學界頗有知名度的科學家，其實挺有心機。他的權力慾很旺盛，總是要求自己在事業上有過人之處，而他的確很有權威。他和拉瓦錫是親密搭檔，兩人一道制訂了化學命名法，可謂化學界的元老。

可是，當榮譽和讚揚接連不斷地向他湧過來時，貝托萊越發膨脹起來。這種毫不收斂的態度促使他的性格走向了一種極端：一看到有人出了什麼成果，就恨不得立刻上前踩兩腳，誓將對方置之死地而後快。

可惜法國一個名叫Ｊ．Ｌ．普魯斯特的藥劑師卻是個愣頭青，他覺得自己有實驗有證據，得出的結論肯定錯不了。

他制訂的是一個什麼結論呢？

原來，普魯斯特認為，這世界上的化合物，均是按一定比例化合而來，比如氯化銅，全世界就只有一種結構的氯化銅，不會再有第二種不一樣的氯化銅了。

結果這項分析被貝托萊得知，他立即開始搜羅證據，以反駁普魯斯特的研究成果。

普魯斯特不相信自己的說法是錯誤的，在差不多六年的時間裡，他發表了大量的論文來維護自己的觀點。

貝托萊非常生氣，他沒想到普魯斯特這麼倔強，於是他也做了很多實驗，聲稱幾種物質反應之後，確實可以生成不同的結構。

可是普魯斯特卻毫不留情地說，你生成的那些物質不是化合物，是混合物，根本不能一概而論！

貝托萊更惱怒了，足足和普魯斯特論戰了八年，最終被其他化學家以鐵一般的事實證明：貝托萊的觀點確實有錯。

這下貝托萊灰頭土臉地沒話說了，而普魯斯特卻沒有跟這位宿敵計較，他還寫信給貝托萊，謙虛地稱如果沒有貝托萊這位對手，就沒有今日的自己。就在貝托萊覺得無地自容時，人們不禁有了疑問：是什麼動力促使他為了一個錯誤的觀點而叫嚷了八年呢？

這源於一篇名為《化學親合力之定律》的論文。

當年，就在普魯斯特發表了定比定律的同一時刻，貝托萊在上述論文中提出了一個與定比定律截然相反的觀點，那就是：兩種物質若彼此間存在親和力，就能以一切比例進行化合。

很明顯，如果承認普魯斯特的結論，貝托萊就要打自己耳光了。

為了維護自己的權威，貝托萊不惜花費了大量時間去打擊普魯斯特，沒想到最終不僅讓對方出了名，還讓自己輸得一敗塗地，真可謂是搬起石頭砸自己的腳。

所謂定比定律，即是每一種化合物，它的組成元素的品質總是按一定比例來結合的。

不過，隨著科技的發展，到二十世紀，科學家發現定比定律也存在例外的情況，比如一些化合物的組成品質會在小範圍內發生浮動，這說明貝托萊當年的觀點也不是沒有一定的道理。

為了讚揚貝托萊專心致志雄辯的精神，科學家就將這種組成可變的化合物命名為「貝托萊體」。

【百科講座】

貝托萊的「化學親和力」觀點

與貝托萊同時期的化學家伯格曼曾提出化學反應親和力的假說，他認為，只要兩種物質之間有強烈的親和力，就能排除萬難進行化合。

貝托萊反駁這種觀點，他提出，即便物質A與物質B之間有著強烈的吸引，如果物質C的量足夠大，A也有可能先與C發生反應。

如今看來，貝托萊的這個觀點在人際關係上也同樣適用。

98 到處索要眼淚的麻煩鬼

弗萊明和青黴素

亞歷山大・弗萊明

主角檔案

姓名：亞歷山大・弗萊明

國籍：英國。

星座：獅子座。

頭銜：生物化學家。

職位：英國最有名望的科學學術機構——皇家學會的院士。

成就：發現青黴素。

幸運事：

1、二十歲時，他一個終生未婚的舅舅去世，留給他一分遺產，助他考入了醫學院。

2、四十歲時，他得了重感冒，取了一點自己的鼻涕做研究，由此發現了青黴素。

3、發現青黴素後，弗萊明只發表了兩篇論文，然後就將提取青黴素的事推給了其他人。誰都不相信青黴素能產生多大的作用，但隨後第二次世界大戰爆發，青黴素一躍成為人們心中的聖藥，弗萊明也因此成名。

弗萊明因一次感冒就成為了青黴素之父，可謂是幸運非凡，後來青黴素被廣泛應用於戰場，拯救了成千上萬士兵的生命，弗萊明也因此成了救世主，被無數人頂禮膜拜。

但在當初的實驗過程中，他可不是什麼英雄，而是一個實實在在的麻煩鬼，以致於大家看了他唯恐避之不及。

這是怎麼回事呢？

此事還要從弗萊明感冒之初說起。

在寒冷的十一月，他一把鼻涕一把淚地在實驗室培養一種新型的黃色球菌，結果總是忙著擦鼻子，沒辦法安心工作。

弗萊明有點生氣，心想，我倒要看看，這感冒是什麼病菌引起的，有沒有一種藥物能夠有效治療它！

於是，他開玩笑地取出了自己的一點鼻黏液放在培養基上，然後就將培養皿束之高閣，轉身去做別的事情了。

兩個星期過去了，弗萊明才想起那個沾有自己鼻涕的培養皿，他將培養皿取出來一看，不禁大吃一驚。

在那個不大的培養皿上，幾乎長滿了黃色球菌，可是滴有鼻涕的地方卻依舊和兩週前一樣，一點細菌也沒有生成。

弗萊明激動不已，他猜測鼻涕中含有抗菌的成分。

隨後，他和自己的助手一起研究，發現除了汗水和尿液，幾乎人體所有的體液和分泌物中都含有這種抗菌素。

他認為這種抗菌素是一種酶，便稱其為「溶菌酶」，為了深入研究，他到處向同事討要眼淚。

為何要眼淚呢？還不是因為眼淚最容易獲得，而且獲取方式也比較體面。可是同事們實在吃不消弗萊明這股鍥而不捨的討要精神，畢竟大家都是男的，男兒有淚不輕彈，哪能說哭就哭啊！

於是，大家就勸弗萊明：「別鬧了，我們實在哭不出來，你還是去找別人吧！」

弗萊明卻不聽，他的理由還挺充分：大家都在實驗室裡，他取得眼淚後就能馬上做實驗，這樣眼淚不容易受到汙染，就能保證實驗結果的準確性。

相信所有人都對他很無語，乾脆就繞著他走，若撞見了他，可能就真的哭了。

此事不知怎的，被一家報社知道了，結果八卦的編輯將弗萊明要眼淚的事蹟畫成了漫畫，登在報紙上。

這下，弗萊明還未獲得諾貝爾獎就已經成名人了，他那如精神病患者般的舉動從此存在人們深深的腦海裡。

雖然溶菌酶被證明對一般的病菌不能產生有效作用，但弗萊明並沒有放棄研究，七年後，他終於在一瓶葡萄球菌的培養皿中發現了青黴素，幫助人類找到一種具有強大殺菌功效的藥物，他也因此獲得了一九四五年的諾貝爾醫學獎。

青黴素，又叫盤尼西林，是科學家從青黴菌的培養液中提取出含有青黴烷、能破壞細菌細胞的抗生素。

青黴素的作用有很多，它能治療各種炎症，如肺炎、腦膜炎、肺結核、白喉、心內膜炎等。不過雖然其毒性很小，但有些患者會出現過敏症狀，所以需經測試後再進行使用。

【百科講座】

人類歷史上最早出現的青黴素

其實青黴素的作用早在古代就已被人發現，在中國唐朝，長安城裡的裁縫師發現，當他們的手指被剪刀劃破時，將長有綠毛的漿糊塗在傷口處就能幫助癒合，這也許是最早的青黴素了。

99 女人需富養

成功發現分子結構的霍奇金

主角檔案

多羅西·克勞福特·霍奇金

姓名：多羅西·克勞福特·霍奇金

國籍：英國。

星座：金牛座。

成就：用X光線分析出分子結構，進而研製出青黴素。

榮譽：獲得一九六六年諾貝爾化學獎。

幸福往事：

1、在她出生的頭四年，做為英國殖民者，在埃及享盡了特權。

2、一九二八年，她考入牛津大學化學系，她的好友諾拉略有妒意地寫信祝賀她，事實上，諾拉的化學成績比霍奇金好，但前者只上了一所學習女紅的家政學院。

3、進入大學後，霍奇金的父親在非洲挖出一座古教堂遺址，並讓女兒負責一部分玻璃鑲嵌物的錄入工作，霍奇金非常感興趣，並超額完成任務。

4、父親有不少好友，將霍奇金引入化學的大門，而其中的一位朋友約瑟夫將霍奇金介紹給劍橋大學的貝爾納教授，促使霍奇金研究起X光線，並最終讓她在這一領域取得了成功。

都說女人要富養，其實，這個「富」不僅指代物質，也指的是精神。

英國女化學家霍奇金便有幸成長於一個富養的家庭，這從她學生時代的一些遭遇中就能看出來。

一個星期天，霍奇金去教堂做禮拜，所以她穿上了自己最漂亮的一件衣服。

從教堂出來後，本來再過一會兒就可以去吃午飯，但好學的她決定抓緊時間做一個實驗。

於是她回到了實驗室，結果不慎將一滴濃硝酸滴在了嶄新裙子的下襬上。

見裙子上冒起了白煙，霍奇金手忙腳亂地又滴了一滴氨水在裙襬上，結果，裙子上的黃斑變成了褐斑。

霍奇金心疼自己的衣服，放聲大哭起來，可是她母親並沒有責怪女兒，反而勸慰道：「沒有關係，我用寬花邊遮一下就看不見了！」

正是由於母親的慈愛和開明，霍奇金才形成了謙遜好學的態度和落落大方的性格，這使得她有一次在流鼻血之後，竟然忘記了恐懼，而將自己的鼻血收集起來以備化學實驗之用。

在霍奇金生活的那個年代，女孩子被普遍打造成以賢妻良母為最高人生目標、不能顯露出任何一絲智慧的弱勢群體，然而，霍奇金很幸運，因為她的父母從來不會說「女子無才便是德」，也從不認為社會主流思想就一定是正確的。

夫妻二人教導女兒往科學的道路上不斷前進，而父親的好友也在不停地督促霍奇金，讓這個勤奮的少女意識到，追逐自己的夢想比活在別人眼光裡要幸福的多。

一九二七年，霍奇金想報考牛津大學，卻驚訝地被告知必須通過拉丁文和自然科學考試，而這兩門課她從未學過。

最後還是她母親堅定地說：「不怕，我來教妳植物學，妳一定能通過考試！」

有了母親的支持，霍奇金恢復了信心，她用了一年的時間惡補各門學科，還努力讓基礎薄弱的數學得有了快速的提升，終於在第二年，她如願成為了牛津的大學生。

此後，霍奇金繼續發揚她勤奮好學的態度，在繁重的家務和工作中從事化學研究，終於用X光線發現了分子的結構，並因此成為歷史上為數不多的女性諾貝爾獎得主之一。

不得不說，正是因為受到良好家庭教育的薰陶，才有了霍奇金這樣一位努力樂觀的知識女性。

霍奇金雖然是女性，卻在工作中展現出難能可貴的專注精神，她從

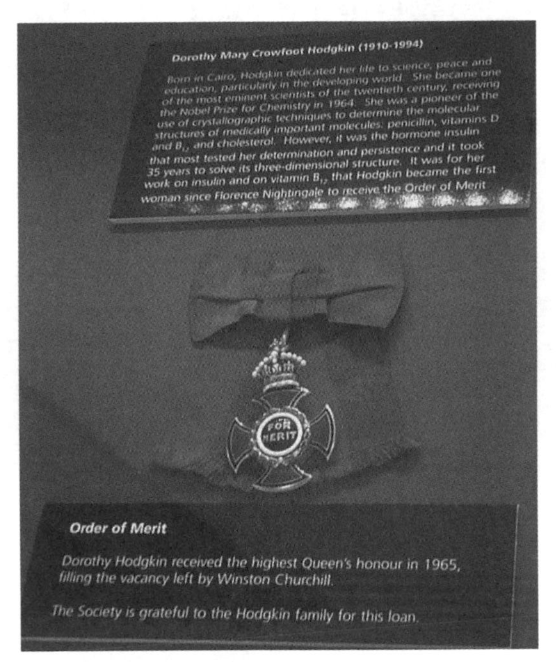

霍奇金所獲得勳章

一九四二年起，花了七年的時間研究青黴素的結構，最後透過X光線如願以償。隨後，她又研究出維生素 B_{12} 和胰島素的結構，並因在維生素 B_{12} 方面的突出貢獻，成為了第三位在化學領域獲得諾貝爾獎的女性。

多虧了霍奇金的發現，青黴素才得以大規模生產，而霍奇金的另一個偉大貢獻則在於促進了生命科學的發展。

由於她發現了分子結構，使得人類的基因體研究有了快速的發展，科學家可以將觸角探及染色體的主要化學成分——DNA，並最終發現了DNA的螺旋體構成。

【百科講座】

二十世紀獲得諾貝爾化學獎的三位女性

1、瑪麗·居里：一九〇三年因提煉出鐳而獲獎，一九一一年因發現釙而得獎。

2、伊倫·約里奧·居里：瑪麗·居里之女，一九三五年因發現人工放射性物質而獲獎。

3、多羅西·克勞福特·霍奇金：一九六六年因發現分子結構而獲獎。

100 天才也得為自己造勢

批判老師的羅蒙諾索夫

米·華·羅蒙諾索夫

主角檔案

姓名：米·華·羅蒙諾索夫

國籍：俄國。

星座：天蠍座。

成就：最早用天平來測量化學反應重量關係，提出品質守恆定理，創辦莫斯科大學。

稱號：俄國科學史上的彼得大帝。

天蠍男陰暗事蹟：

1、十九歲那年，他冒充貴族子弟考入一所拉丁學校。

2、二十四歲那年，他被保送到德國學習，並拜在著名化學家克利斯蒂安·沃爾夫門下，但他一心想要揪出沃爾夫知識上的漏洞。

3、他還鑽研其他化學家的假說，意圖發現錯誤，終於推翻了施塔爾提出的「燃素」學說。

所謂天蠍男，就是外表陰狠，內心藏著如火熱情的男人。

雖然羅蒙諾索夫總想著證明其他化學家是錯的，以樹立自己的權威，他在閒暇時候也沒忘寫寫詩、畫幅畫，當一個情趣十足的科學家。

當然，充滿野心的天蠍男最看重的，仍然是如何獲得名望和地位。

可是，如果先天條件不夠怎麼辦？

別著急，羅蒙諾索夫自有辦法！

羅蒙諾索夫是一個漁民之子，家境貧寒，到了該上大學的年齡，卻進不了只收貴族子弟的斯拉夫——希臘一所拉丁學院。

這時候，膽大心細腹黑的他沒有猶豫，立刻謊稱自己出身名門，將校長唬得一愣一愣的，然後順利入學。

不過要說羅蒙諾索夫的頭腦，可真是非比尋常，他雖會耍小花招，但天資聰穎，成績一直名列前茅，畢業後還成為該校僅有的三名保送生之一去德國學習。

他的德國恩師沃爾夫因發明了從工業廢渣中回收純鐵的方法，從而享譽歐洲，羅蒙諾索夫很羨慕，心中還有那麼一點渴望。

他渴望自己也能迅速達到老師那樣的成就。

可是綜觀那些知名的化學家，哪個不是做了多年研究才出了一點重要的成果，然後才為人們所熟悉的？他羅蒙諾索夫，一個初出茅廬的年輕人，還在讀書就想發表什麼著名理論，簡直是癡心妄想啊！

羅蒙諾索夫又動起了歪腦筋。

條條大道通羅馬，正規方法不行，可以走捷徑。

不久後，一本頗有權威的學術雜誌《德國科學》上，刊登了羅蒙諾索夫的一篇化學論文，在文中，羅蒙諾索夫極盡尖酸刻薄之能事，批判沃爾夫行為保守，以致於在教學中發生了一些錯誤，真是個「保守的老學究」！這篇文章一經發表，人們都震驚異常。

這不僅因為沃爾夫是羅蒙諾索夫的老師，更因為後者在言語中充滿了不敬，缺乏做為一個學生應有的謙虛態度。

有些人甚至義憤填膺地給沃爾夫寫信，表示要替他狠狠地收拾一下那個不知天高地厚的羅蒙諾索夫，沒想到沃爾夫只是寬厚地一笑，說：「你們不必太在意，我並不生氣。」

由於批評的人實在太多，羅蒙諾索夫果然出了名，有一部分學生還把他當成偶像，效仿他去跟老師叫板，一時間，校園裡的學術爭辯多了起來。

沃爾夫教授眼看氣氛不對，連忙出來澄清事實。

他在一次演講中，公開聲明：「羅蒙諾索夫的那篇論文是我給舉薦發表的，我欽佩那些勇敢於向權威挑戰的人！」

這時大家才明白，說到底，都是沃爾夫大度，一切盡在他的掌握之中。

其實不然，還是羅蒙諾索夫棋高一著。

他沒有搶著投稿，而是把文章給了他要指責的人看，若對方不在意，那他就可以放心發表，完全不用計較後果；而若對方不滿意，論文不僅沒有發表的餘地，甚至可能以後還要吃不完兜著走，這時他就要考慮其他對策了。不管怎樣，此事只有他和沃爾夫兩個人知道，危險係數是最小的。

利用老師為自己造勢，方法確實巧妙，不過光有名氣也是不夠的，就如同流星，只能劃過天際。

好在羅蒙諾索夫是一位博學多才的科學家，他在化學、物理、天文、哲學、航海、礦物等很多領域都頗有建樹，只可惜他太過於敬業，在五十四歲就英年早逝了。

他在化學方面的貢獻主要有：

1、提出品質守恆定理，還給彼得堡的院士寫信闡述這一理論。

2、創辦了俄國第一個設備精良的化學實驗室。

3、最先將定量法用作化學分析。

4、起草了關於物理化學的教學大綱，並創辦了莫斯科大學。

5、證明沒有「燃素」這種物質，金屬在化合過程中重量增加是由於與空氣中的微粒產生了反應。

【百科講座】

什麼是質量守恆定律？

這個定律和熱力學上的能量守恆定律相近，指在一個孤立系統中，物質的總質量不會發生增加，也不會減少。

簡單地說，就是物質既不會消失，也不會產生，只是從一種形態轉換成另一種形態。

如果將整個宇宙看成是一個封閉的系統，則在宇宙中的質量，永遠都是恆定的。

國家圖書館出版品預行編目資料

關於化學的100個故事／林珊著.
－－第一版－－臺北市：宇河文化 出版；
紅螞蟻圖書發行，2016.08
面 ； 公分－－(ELITE；48)
ISBN 978-986-456-022-6（平裝）

1.化學；通俗作品

340 105009316

ELITE 48

關於化學的100個故事

作　　者／林珊
發 行 人／賴秀珍
總 編 輯／何南輝
責任編輯／韓顯赫
校　　對／鍾佳穎、周英嬌、賴依蓮、謝容之
美術構成／Chris' office
出　　版／宇河文化出版有限公司
發　　行／紅螞蟻圖書有限公司
地　　址／台北市內湖區舊宗路二段121巷19號(紅螞蟻資訊大樓)
網　　站／www.e-redant.com
郵撥帳號／1604621-1 紅螞蟻圖書有限公司
電　　話／(02)2795-3656（代表號）
傳　　真／(02)2795-4100
登 記 證／局版北市業字第1446號
法律顧問／許晏賓律師
印 刷 廠／卡樂彩色製版印刷有限公司
出版日期／2016年 8 月 第一版第一刷
2020年 1 月 第二刷

定價 300 元 港幣 100 元

ISBN 978-986-456-022-6 Printed in Taiwan